Ⓐ 冰鱼的幼鱼。经过进化的洗礼，它失去鳞片和红细胞，看起来是透明的。［米克林（Flip Micklin）摄］

Ⓑ 成年裘氏鳄头冰鱼（*Champsocephalus gunnari*）。

🅒 各种颜色的西北袜带蛇。［伊斯特尔（Jeremiah Easter）摄］

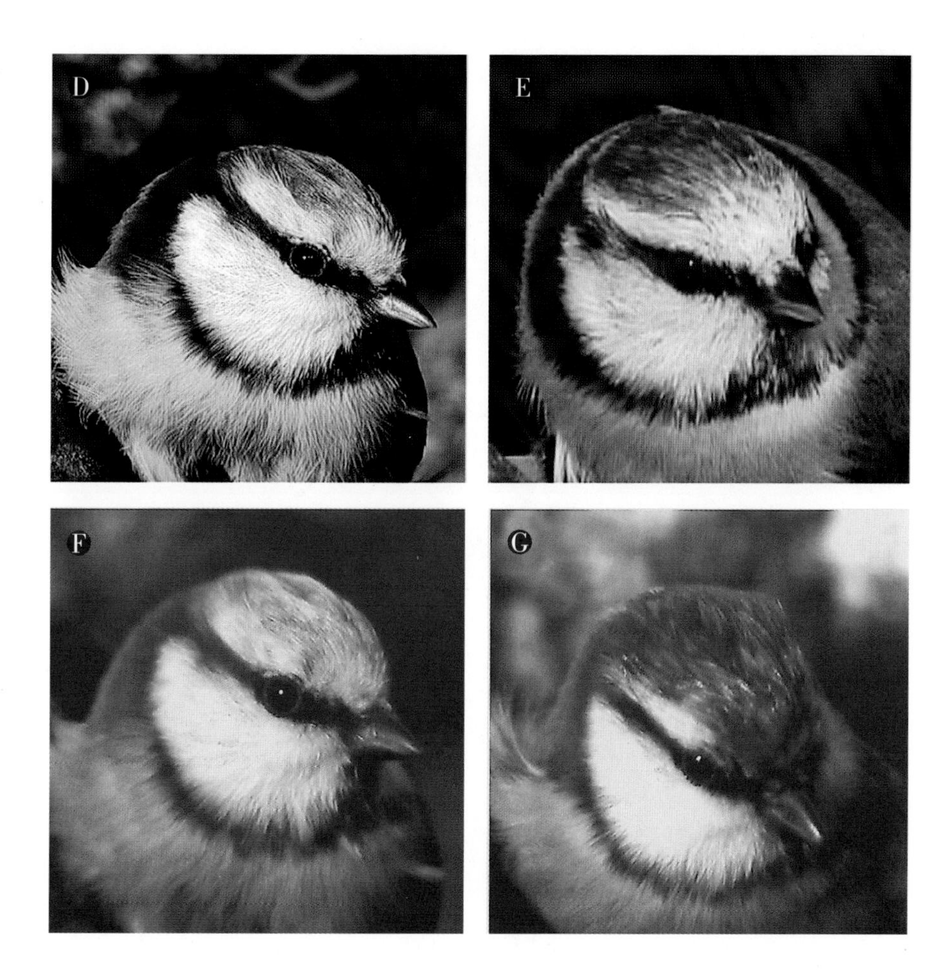

D—G 青山雀拥有反射紫外光的羽毛。

D F 在可见光（D）和紫外光（F）照射下的青山雀。注意它的蓝色头冠，在紫外光下具高度反射性。［瑞典哥德堡大学安德松（Staffan Andersson）提供照片］

E G 涂在蓝色羽毛上的遮光剂，对可见光没有影响（E），却能阻断对紫外光的反射（G），导致求偶成功率降低。（瑞典哥德堡大学安德松提供照片）

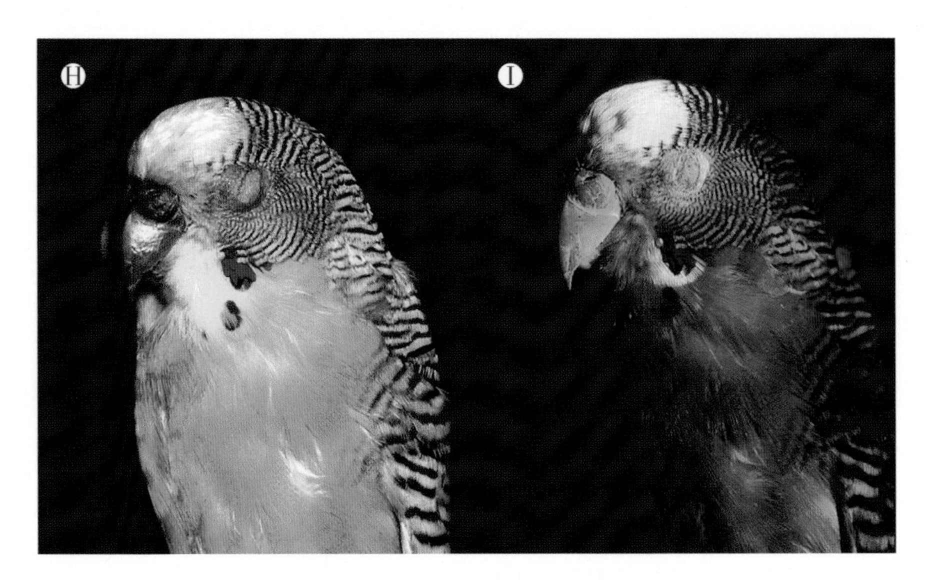

Ⓗ Ⓘ 虎皮鹦鹉（*Melopsittacus undulatus*）羽毛色泽明亮（H），额头和两颊的羽毛可以反射紫外光（I），从而影响求偶成功率。［博尔斯（Walter Boles）提供照片，© 澳大利亚博物馆］

Ⓙ Ⓚ 蓝翅岭裸鼻雀（*Anisognathus flavinuchus cyanoptera*）在可见光（J）和紫外光（K）照射下所呈现的颜色。这种鸟的翅膀具有很强的反射紫外光的能力。［威斯康星大学布莱韦斯（Rob Bleiweiss）提供照片。照片来自：R. Bleiweiss, *Proceedings of National Academy of Sciences*, *USA*, 101（2004）: 16561—16564, © 2004 National Academy of Sciences。］

🅛 白臀叶猴（*Pygathrix nemaeus*）。这种猴进化出可反刍树叶的特殊肠道。[© 布拉泰斯库（Paul Bratescu）]

Ⓜ 白色的雪雁。［兰廷（Frans Lanting）摄］

Ⓝ 颜色较深的“蓝色”雪雁。*MC1R* 基因决定了白色和蓝色雪雁的颜色。［曼格尔桑（Thomas Mangelsen）摄］

Ⓞ 贼鸥有深色（左）和浅色（右）两种。这两种颜色变化由 *MC1R* 基因所决定。［佩尔松（Torbjörn Persson）摄］

Ⓟ Ⓠ 蓝白细尾鹩莺(*Malurus leucopterus*)。黑色品种(P)和蓝色品种(Q)。*MC1R* 基因决定品种的颜色。[拉思本(Melanie Rathburn)摄]

Ⓡ 狮面狨的深色种。*MC1R* 基因决定了黑色和金橘色的毛色。［迈耶（Claus Meyer）摄］

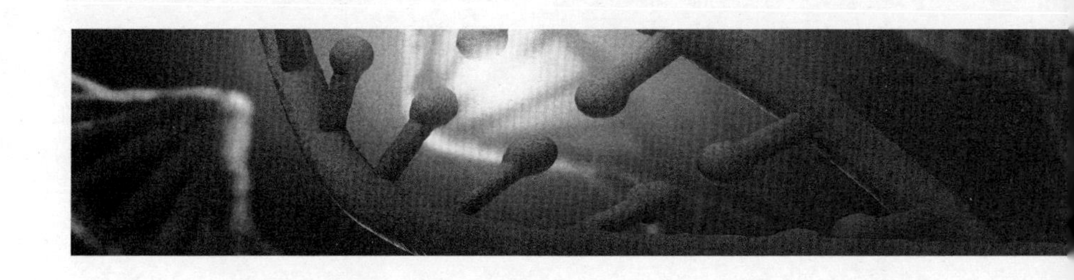

The Making of the Fittest

DNA and the Ultimate Forensic Record of Evolution

造就适者

DNA和进化的有力证据

[美] 肖恩·卡罗尔（Sean B. Carroll） / 著

杨佳蓉 / 译 —————— 钟扬 / 校

上海科技教育出版社

对本书的评价

◆

非常精彩……卡罗尔的书必定能令读者更好地理解进化论。

——布赖恩·查尔斯沃思(Brian Charlesworth),

《自然》(*Nature*)

◆

卡罗尔是一位对众多领域的知识都十分精通的作者……阅读本书就像与一位博学多闻、充满激情的朋友共进晚餐,在短短的几个小时中增长见识。

——史蒂夫·奥尔森(Steve Olson),

《华盛顿邮报》(*Washington Post*)

◆

这本书中竟有那么多我从未见识过的事物……如果你想了解更多,我推荐你阅读本书,尽管它细节众多,但仍然简单易懂,读之令人愉悦。

——艾拉·弗拉托(Ira Flatow),

美国国家公共广播电台(NPR)"科学星期五"栏目

◆

能够在传播当今科学那激动人心的研究成果的同时,传达给我们知其然并且知其所以然的坚实基础,是一种难得的天赋。在本书中,卡罗尔以一种充满美感、有洞察力的视角诠释了进化的力量。

——道格拉斯·欧文(Douglas Erwin),

《美国科学家》(*American Scientist*)

◆

卡罗尔在他热情奔放、清晰易懂的行文中，用成堆的事实驳斥了反达尔文阵营的歪理。

——乔西·格劳修斯（Josie Glausiusz），

《发现》（*Discover*）

◆

总有些反对生命科学、阻碍科技进步的勒德分子，一听到与自己所知所信相左的观点，就捂住耳朵，高声"哇啦哇啦"大叫，企图盖过对方的声音。对待这种人，我总是粗鲁没耐性，卡罗尔却不是这样。他和他的书友善而有魅力，在结论中温和有礼地将那些针对科学的愚蠢谴责一一摧毁。阅读本书并高呼：哈利路亚！

——彼得·伯尼（Peter Birnie），

《温哥华太阳报》（*Vancouver Sun*）

◆

该书能让你迅速了解DNA是如何证明进化过程的……卡罗尔提供了激动人心、极有说服力的证据。

——《出版人周刊》（*Publishers Weekly*）

◆

若问当今世上的科学家中，达尔文最愿意与谁促膝长谈，除卡罗尔外别无他人。

——迈克尔·鲁斯（Michael Ruse），

《进化论—神创论之争》（*The Evolution-Creation Struggle*）的作者

◆

坦率地说，卡罗尔是生物学领域下一轮伟大革命的使者。他在他先前的一本著作《蝴蝶、斑马与胚胎：探索进化发育生物学之美》（*Endless Forms Most Beautiful: The New Science of Evo Devo*）中，很好地介绍了进化发育生物学这个令人惊叹的领域。如今，在这本《造就适者》中，他呈献了更基本的知识，让我们洞悉分子遗传学如何揭开进化过程之谜。这本书简明易懂、引人入胜，展开了令人惊叹的景象，是一本必备读物。

——戴维·奎曼（David Quanmen），

《犹豫的达尔文》（*The Reluctant Mr. Darwin*）和

《渡渡鸟之歌》（*The Song of the Dodo*）的作者

◆

生物学专业的学生、教师都能从作者对进化过程的精彩叙述中获益。在每一所学校、公共和专业图书馆中,本书都应占有一席之地。

——《图书馆杂志》(*Library Journal*)

◆

犯罪现场调查员钟爱DNA证据,因为它能为用其他手段无法侦破的案件画上句号。这本引人入胜的书展现了进化上的DNA证据,让人一读就会认同进化是个一目了然的事。进化论这场与达尔文有关的争论,在科学家看来早已结案,公众却以为它仍然备受争议,我希望本书能改变一下公众的想法。

——乔纳森·韦纳(Jonathan Weiner),

普利策奖得主,《雀之喙》(*The Beak of the Finch*)的作者

◆

卡罗尔在写作方面极有天赋,他是在邀请读者,从内部去了解科学。他轻松自如地解释了生物学研究领域中最前沿的科学奇迹。从头至尾,本书引人入胜、简明易懂,它适合所有的读者,无论他们支持进化论还是反对进化论。达尔文曾言,进化科学将照亮生命科学研究的每一个角落,在卡罗尔笔下,确实如此。

——肯尼思·米勒(Kenneth R. Miller),

《寻找达尔文的神》(*Finding Darwin's God*)的作者

献给琼·卡罗尔(Joan H. Carroll)和已故的J·卡罗尔(J. Robert Carroll)。

感谢DNA,以及我所有的突变。

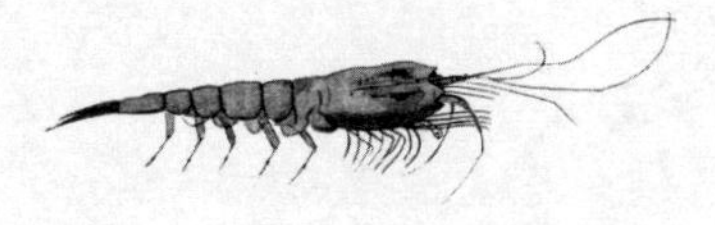

目　录

CONTENTS

导读:证据的力量

自达尔文(Charles Darwin)于1859年出版《物种起源》以来,“进化”(evolution,或译为演化)已逐渐成为生物学界使用频率最高的词之一,并渗透到自然科学与社会科学的众多领域。150年来,进化理论不断发展并广为传播,终成主流科学思想。连教皇约翰·保罗二世在1996年写给教皇科学院的信中也表示:“新的发现引导我们承认进化论不只是一种假说。事实上,在不同科学领域一系列的发现之后,这个理论不可思议地对研究人员的心灵产生愈来愈大的影响。”不过,人们也注意到,分子生物学兴起的60年来,一些不能用达尔文进化论直接解释的科学现象开始涌现,进化理论似乎面临着新的挑战。

一个月前,我应邀为上海的一个公众科普活动——“科学咖啡馆”做了一场题为“生物进化与我们的未来”的报告。我在报告中除简要介绍进化生物学(尤其是分子进化)的基本概念和研究进展外,还列举了四个开放问题(open questions):压力还是动力?缺失还是获得?数量还是质量?个体还是群体?目的是帮助听众了解自然选择的力量、性状进化的方向、延长寿命的意义以及长期进化的策略等当代进化生物学研究的热门领域。所谓开放问题一般都是没有标准答案的多向思维问题,这在国外学术讨论和科学普及活动中十分常见,但在我国还是一种较为罕见的形式。鉴此,我采用了若干实际案例而不是直接用学术界目前流行的理论来解释上述问题,这给习惯于只接受一种"正确"的理论,以及长期受重科学结论而轻研究过程的教育模式熏陶的听众们带来了些许新鲜感。

现在,对当代进化生物学中开放问题感兴趣的读者可以从《造就适者:DNA和进化的有力证据》一书中获取更多案例和进化证据了。比如,书中提到,布韦岛的冰鱼是一种完全丧失血红蛋白、没有红细胞的南极"无血"鱼,由于缺乏化石证据,因而很难从形态学或生理学上提供其起源与进化的明证,不过人们还是可以获得其现存种群的遗传物质——DNA。DNA分析结果清晰地表明,冰鱼在其进化过程中"舍弃"了两个合成血红蛋白中珠蛋白的基因,而在5亿年前这两个基因却是其生活于温暖水域的祖先不可或缺的。进一步比较冰鱼不同近亲及其他南极鱼类的DNA序列与结构,科学家们终于揭示了冰鱼由生活于温水、依赖血红蛋白转变成生活于冰水、无需血红蛋白(一些物种甚至不需要肌红蛋白)的进化历程,并且估计出基因丧失的时间范围,为生物进化的基本原则——自然选择和遗传变异增添了新的证据。

与南极冰鱼中基因缺失(gene loss)的故事相反,乌干达基巴莱森林中的疣猴通过基因获得(gene gain)来辨认出营养较丰富的树叶,而科学家们解开其全彩视觉和反刍消化系统"进化创新"之谜的关键还是DNA证据。所有猿类和旧大陆(非洲和亚洲)猴类的视觉都具有三元辨色力(可以看到蓝、绿、红三原色所构成的颜色光谱),而大部分哺乳类只有二元辨色力(可分辨蓝色和黄色,但无法分辨红色和绿色)。由于热带地区一大半植物的嫩叶呈红色,因而只有这些具有三元辨色力的灵长类可以独享既柔软可口又富有营养的嫩叶。对哺乳类的视蛋白基因分析发现,人类和黑猩猩及其他猿类都有3种视蛋白基因,而其他哺乳类只有2种视蛋白基因。显然,人和上述灵长类动物的视蛋白基因数量随其进化历程而增加,基因重复(gene duplication)和功能分歧(functional divergence)则是其基本进化机制。通俗地说,上述视蛋白基因先通过制作“拷贝”来倍增DNA信息,再靠这些不同复制品接受自然选择的考验,各奔前程,最终进化出具有不同功能的“新”“旧”基因。当然,更令人惊叹的是,这些不同功能的“同源”基因在同一个生物体中必须各司其职、和平共处才行。同样,作为反刍动物的乌干达疣猴也是采用基因重复和功能分歧的套路,在继续保持与非反刍猴类几乎完全相同的溶菌酶基因的同时,发展出另外两个具有新功能的基因,以满足疣猴对大量嫩叶的消化需求。

几乎每一本进化生物学教科书中都会列举一些研究案例和科学发现,但对发表于各类学术刊物的大量原始“素材”进行合理剪裁却并非易事。本书作者肖恩·卡罗尔教授显然是一个讲故事的高手,他将一个个涉及不同物种在不同地域和不同生境中的进化故事娓娓道来,向我们展示了令人惊异的、鲜活的进化线索及其分子证据。是的,他精心制作的这一道道赏心悦目的“大餐”(作者语)都是与开放问题答案有关的线索和证据,而非答案本身;但正是这些构成证据的故事,显示出比普通教科书大得多的威力。我想,即使是对进化理论持怀疑甚至否定态度的人也无法回避自然的证据吧。

可以说,今天的进化生物学家是如此幸运,因为我们进入了基因组时代——获取一个生物物种的全部DNA序列(称为全基因组测序)已越来越便利而经济,呈现在我们面前的海量信息中不乏新的生物进化证据。诚如书中所言,“基因组学能让我们看到进化过程的深层内涵。达尔文之后的一个多世纪内,人们只能在雀鸟或飞蛾的繁殖和生存中观察自然选择的作用。而现在,我们可以看到'适者'是如何产生的,因为DNA中包含的各种信息是达尔文无法想象或期望的,完全是新的、不同的。不过,这些信息让他的进化理论更加坚不可摧。我们现在可以识别DNA中特定的变化,了解这些变化如何让物种适应不断改变的环境,进而进化出新的生命形式"。

写到这里,我起身拉开窗帘,发现不知不觉间窗外竟大雪纷飞。前方的比日神山已披上银装,西藏巨柏依然孤傲地耸立于山间。如同卡罗尔教授在书末所担忧的一样,人类活动和全球气候变化极大地影响着生物的进化历程,对在青藏高原这类极端环境和生态敏感地区艰难适应的生物而言更是雪上加霜。除了呼吁和祈祷之外,我们至少应当努力了解这些物种各自独特的适应机制,才能最大限度地降低威胁其生存与发展的环境扰动,以免它们走上灭绝的不归路。

钟扬(复旦大学/西藏大学教授)

2012年11月于西藏大学林芝校区

致　谢

当我十二三岁时，我的一位叔叔——就叫他迪克(Dick)叔叔吧，问我长大要当什么？“生物学家！”我脱口而出。迪克叔叔眉头紧锁，扮了个鬼脸：“可是那不赚钱啊！”

不过我很幸运，我的父母没有被这些现实因素影响，反而鼓励4个孩子追求自己感兴趣的东西——我们也做到了。我遇到过许多幸运的人，他们都曾经从自己的父母那儿得到相同的建议。所以我要感谢老妈还有老爸，感谢你们准许我把蛇、蝾螈、蜥蜴养在家里，还让我把它们那蠕动的恶心食物放进冰箱。

忍受我怪癖的负担现在落在我妻儿的身上。没有他们的支持、鼓励、爱，还有幽默感，这本书的出版就失去意义，无法完成。我的妻子洁米(Jamie)所付出的，远比容忍一名让人苦恼的丈夫还要多——她为这本书做设计、挑选主要的插图，并尽力让全书文辞通畅、容易理解。我的儿子威尔(Will)和帕特里克(Patrick)陪我(或者说带着我)到书中提及的许多神奇地点一探究竟，如黄石国家公园、化石山国家纪念碑等地。在我们去哥斯达黎加游览时，我的继子克里斯(Chris)和吼猴一同咆哮，成为我第六章故事的灵感。

我也要感谢我的手足,他们总是尽其所能协助我。我的兄弟彼得(Peter)和吉姆(Jim)帮我想出几个章节的雏形,我的妹妹南希(Nancy)十余年来一直和我讨论进化生物学先驱们的研究历史和洞见。

威斯康星大学麦迪逊分校同事们的慷慨贡献,兼具创造力和批判性,我相当感激。大部分图表都是奥尔兹(Leanne Olds)帮我绘制或改绘的;克罗(James F. Crow)教授、罗卡什(Antonis Rokas)博士、普吕多姆(Benjamin Prud'homme)博士和帕多克(Steve Paddock)博士,以及希廷格(Chris Hittinger)等通读了我的手稿,提出许多评论和建议。

这本书中所提到的一些发现是数千名科学家创意和努力的结晶。他们中有的人发明解读DNA记录的技术,有的人分析许多物种的基因和基因组。我要感谢这些科学家提供反映他们成果的插图,让我分享他们的知识和概念;尤其是纳赫曼(Michael Nachman)、林奇(Michael Lynch)、塔宾(Cliff Tabin),还有库宁(Eugene Koonin)诸君,我要致以特别的谢意,多亏他们提供的详细讨论意见和信息。

我还要感谢在过去20年中,曾和我共事的人士。一直以来,我从我的学生和博士后身上学到的东西,比我能教给他们的还要多。长期合作伙伴的奉献和努力,让我们的实验室成为一个每天都令人高兴的有趣之地。与我交情甚笃的同行遍布世界各地,他们是无限灵感和启发的来源。我能够随心所欲追求研究目标,要归功于霍华德·休斯医学研究所的慷慨赞助。

我相当感激我的经纪人盖伦(Russ Galen),他为这本书的孕育提供了很重要的指导,还在我撰述期间一直鼓励我。还有我的编辑李雷普切克(Jack Repcheck),他无尽的热情、毫无保留的投入和信心,是这本书相当重要的元素。

前言

超越一切合理的质疑

被忽略的事实不代表它不存在。

——奥尔德斯·赫胥黎(Aldous Huxley)

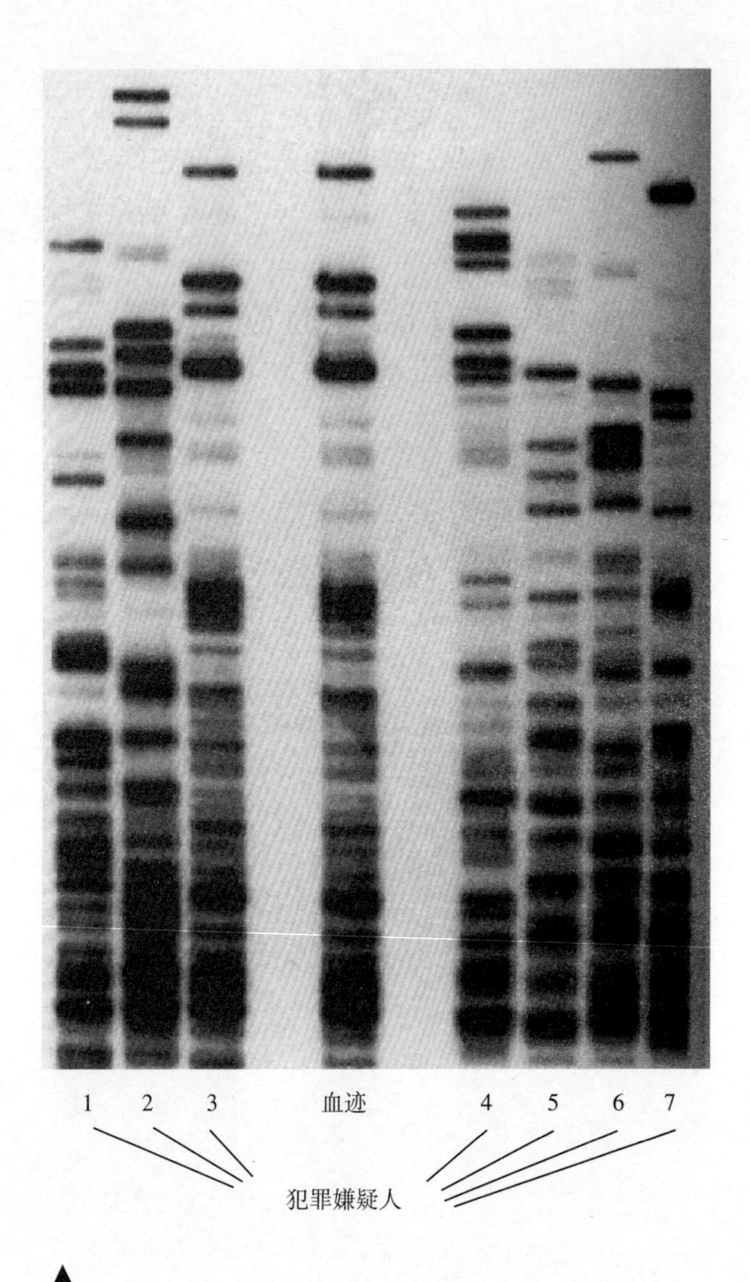

▲

DNA法医分析。这一排排的电泳带状图谱，就是犯罪现场的血样DNA和犯罪嫌疑人的DNA“档案”。血样的DNA电泳图谱与第三名犯罪嫌疑人的相符，与其他人的都不同。(照片版权归细胞标记诊断中心所有)

1979年，怀孕9个月的黛安娜·格林(Dianna Green)遭到毒打，未出世的孩子死于重创。尽管她丧失记忆，在法庭上连自己的名字都拼不出来，但仍指控丈夫凯文·格林(Kevin Green)就是打伤她的人。于是，凯文被判谋杀和蓄意谋杀罪。

1996年，加利福尼亚州司法部实验室的工作人员以DNA分析技术分析了在17年前犯罪现场找到的血液样本。他们比较血样的DNA和凯文的DNA数据，并调阅最新建立的罪犯DNA数据库进行比较，发现这份血液样本的DNA和另外一名犯下四起谋杀案的凶手的相符，这个凶手姓帕克(Gerald Parker)，当时因违反假释规定入狱服刑。面对DNA证据，帕克承认他犯下此案(之后被判死刑)。凯文终于获释了，但他已经因未犯之罪入狱16年之久。

DNA分析法比纤维分析法或指纹分析法还要精确、严密，也比目击证人更值得信赖，它能提供决定性的证据，证明某人曾出现或未曾出现在犯罪现场。DNA证据的权威性，加上数起和凯文·格林一案类似的案例，已经在刑事司法系统掀起一场革命：大量利用DNA证据，可以揪出真凶，还无罪者清白。许多过去无法侦破的案件，现在则可以如期破案，就连数十年前的悬案也不例外。与此同时，免除罪责的人数不断上升。例如，“无罪项目”这个组织为贫困者提供与DNA证据相关的免费上诉服务，他们指出，在过去13年中，有150名无罪者获释，其中有些人甚至曾经被判死刑。

DNA分析的威力不只表现在刑事方面，连亲权认定、遗传疾病检测也都托了DNA科技的福。但在一个领域中，这种力量尚未被广泛接受，这个领域称为哲学。

每个人的DNA序列都不相同，各个物种的DNA序列也是独一无二的。物种的每一个变化，从生理形态到消化代谢，都是来自DNA的变化，物种间的“亲缘关系”也记录在DNA上。DNA包含了进化的终极法医记录。

这带来了一个令人关注的矛盾：陪审团和法官依赖DNA证据决定数以千计的被告有罪与否、生死与否——美国公民看起来100%支持这项科学进展，但民意调查结果显示，约50%或更多的美国民众质疑、甚至彻底否定生物进化这一事实！很明显，我们对DNA科技的应用与DNA所蕴含的进化意义相比，前者较无争议。

一个多世纪以前，在一本继达尔文（Charles Darwin）之后的重量级进化论著作中，贝特森（William Bateson）用以下劝诫作为开场白：“如果旧的证据帮不上忙，那我们就来找些新的证据吧，我相信现在许多博物学家已经开始认识到，产生一些新知识的时代已经来临。”

由于DNA科技已经渗透到日常生活的各个层面，新知识时代来临了，现在正是重新寻找新证据的时候。本书的目标就是提出一系列新的DNA证据，以说明进化的事实。过去几年中，生物学研究已从各种生物（包括人类和人类的近亲）身上，得到大量史无前例的DNA证据。仅在过去的20年间，我们数据库中的DNA序列就增加了4万倍，而且大部分都是在21世纪初解读出来的。换个方式来看看该数字的意义：1982年，我们所知的所有生物DNA序列仅有将近100万个字符，如果印在纸上，差不多可以填满一本与本书一样厚的书。到了现在，我们所知的DNA序列若是印成书，大概可以叠成两座110层高的芝加哥西尔斯大厦，甚至更高。这栋生命的图书馆每年还会增高30多层！

这些书中所记载的是建构各种细菌、真菌、植物和动物的原始DNA密码。尽管它们的内容只由4个字母——A、C、G和T排列组合而成，它们却代表着进化生物学史上最伟大的时代之一。生物学家正在挖掘这项丰富的新资源，期望能通过研究，解开博物学上一些最迷人的谜团，并进一步巨细靡遗地揭露出自然界各种重要性状的进化过程。这本书要说的，是关于**基因组学**这门新科学，如何通过对各类物种DNA广泛而特别的**比较性**研究，来深度拓展我们对生命进化的认知。

基因组学能让我们看到进化过程的深层内涵。达尔文之后的一个多世纪内，人们只能在雀鸟或飞蛾的繁殖和生存中观察自然选择的作用。而现在，我们可以**看**到“适者”是如何产生的，因为DNA中包含的各种信息是达尔文无法想象或期望的，是全新的、不同的。不过，这些信息让他的进化理论更加坚不可摧。我们现在可以识别DNA中特定的变化，了解这些变化如何让物种适应不断改变的环境，进而进化出新的生命形式。

对DNA的新的认知，不只提供了法医鉴定的可靠手段，还带给我们惊喜，因为它扩展了我们对进化的想象。举例来说，在各个物种的DNA记录中，我们都可以发现“化石基因”。这些DNA片段曾在生物祖先身上完整无缺，并且发挥作用，但如今已衰退且被废弃。这些基因遗骸让我们知道，有些性状和能力会随着物种进化出新的生活方式而被舍弃。

DNA记录同时揭示出，进化能够而且确实在不断重演。不同的物种（如蝴蝶和人类）会经由相同的方式，进行类似或迥异的适应历程。这充分证明了面对相同的挑战或机会时，处于生命史完全不同的时间和空间中的生物会得出相同的解答。这种重演推翻了先前我们认为“如果让生命史重新来过，结果会不同”的想法。

DNA证据彻底改革了人类起源和早期文明的研究和解读方法。虽然解读人类的基因组已经成为主流，但是解读其他灵长类和哺乳类的基因与基因组，可以让我们解释人类基因所包含的意义。人类的基因含有许多泄露天机的线索,可以让我们探讨人类为什么会有所不同,以及人类是如何进化成现在的样子的。许多基因带着自然选择留下的印痕,这些印痕来自人类祖先与微生物之间的长期斗争。数百万年来,这些微生物一直困扰着人类的文明。

我在写作这本书时,心中预设了好几类读者。第一类读者是对博物学有浓厚兴趣的人,我将引导他们在地球上漫游,推介他们认识许多分别适应了温泉、洞穴、丛林、火成岩,以及深海等特殊环境的物种。告诉他们,只要改变这些物种DNA中少数几个密码,就可以大大改变它们复杂机体的形态或生理功能。这正是这类新知识的宏伟之处。第二类读者是学生和老师,我把重点放在我觉得最能够描绘出进化过程的最佳例证上,加强并扩展我们对生命的丰富多样性和适应能力的敬畏。我在书中叙述的大部分例子尚未列入教科书,不过其中有许多以后将会成为进化论的重要篇章。第三类读者是那些想要探究进化论反对者的浮夸言论与伪科学的人。对这些读者,我会提供一些背景知识,让他们了解那些用来质疑和反对进化论的伎俩与诡辩,我还会举出足够的科学证据,使这些诡辩烟消云散。

新的DNA证据所起的作用,不仅仅在于阐明进化过程,在推动学校教授进化论、让社会大众接受进化论的持续奋斗中,它也具有决定性地位。陪审团依赖遗传变异和DNA证据决定犯罪嫌疑人的命运,却反对教授这些证据背后的基本原则和整个生物学的基础,这可不是普通的矛盾。反进化论运动建立在完全错误的遗传学与进化过程的概念上,我在书中所展示的新证据,不只显示生物进化是生物多样性的基础,而且我认为,这些新证据可超越任何合理的质疑。

第一章

绪论:布韦岛的无血鱼

当我们不再像未开化人把船看成是完全不可理解的东西那样地来看生物的时候;当我们把自然界的每一产品都看成是具有悠久历史的时候;当我们把每一种复杂的结构和本能看成是各个对于所有者都有用处的发明的综合,有如任何伟大的机械发明是无数工人的劳动、经验、理性以及甚至错误的综合的时候;当我们这样观察每一生物的时候,博物学的研究将变得——我根据经验来说——多么更加有趣呀!

——达尔文,《物种起源》(*On the Origin of Species*,1859)

▲
布韦岛，吕斯塔(Ditlef Rustad)在1928年搭乘“挪威号”探险时所摄。(照片来源：*Scientific Results of the Norwegian Antarctic Expeditions, 1927—1928*, published by I. Kommisjon Hos Jacob Dybwad of Oslo, 1935。)

这或许是地球上最偏远的地方。

小小的布韦岛(Bouvet Island)是辽阔的南大西洋上的一个小点,大约在非洲好望角西南方2500千米、南美洲合恩角以东4800千米处。18世纪70年代,伟大的"库克船长"(James Cook)率领皇家海军舰艇"果敢号"在南极海域探险时,两度试图寻找这个小岛,却都失败了。覆盖着数百米厚的冰层、边缘是黑色火山岩形成的险峻峭壁、平均温度在冰点以下,此岛始终人迹罕至。

1928年,挪威探险船"挪威号"登陆布韦岛,虽然他们的目的是给遭遇海难的船员们设立庇护所和贮粮处,不过对我要讲的故事还有博物学来说,这真是一件好事。船上的生物学家吕斯塔当时还是一个研读动物学的学生,他在这儿捉到一些外形相当奇特的鱼。那些鱼看起来和大部分的鱼没什么两样:大大的眼睛、宽大的胸鳍和尾鳍、布满牙齿的突出下颚。但它们颜色相当浅,几乎是透明的(图1.1,彩图A和B)。吕斯塔把这种动物称为"白鳄鱼"。经过仔细观察后他发现,它们的血液完全没有颜色。

图1.1　冰鱼。[意大利南极研究计划(PNRA)同意使用]

两年后，吕斯塔的同窗鲁德(Johan Ruud)乘坐捕鲸船“维京号”来到南极。鲁德认为船员里有个剥皮手(把鲸的皮和油脂剥除的工作人员)在开玩笑，因为那家伙对他说：“你知道这里有种没有血的鱼吗？”

既然剥皮手爱开玩笑，那就陪他玩下去，于是鲁德回应道：“喔，是吗？捉一条来看看吧。”

身为动物生理学的高材生，鲁德当时确信世界上不会有这种鱼，因为教科书中早已明确指出：所有脊椎动物(鱼类、两栖类、爬行类、鸟类和哺乳类)的红细胞中都有血红蛋白，这就像“动物要呼吸”一样，是基础知识。剥皮手和他的同伴辛苦了一整天，一条“无血鱼”也没有抓到。鲁德便把这件事当作海上传说，抛在脑后。

来年鲁德回到挪威，对吕斯塔提起这件轶事。让他非常惊讶的是，吕斯塔竟告诉他：“我曾经看见过这种鱼。”并把他在考察时拍下的照片拿给鲁德看。

在接下来的20年间，鲁德没有听说过其他和无血鱼有关的任何事情。直到有位挪威生物学家从南极探险回来，带着他从另一个地点捉到的“白血鱼”，这才再度勾起鲁德的好奇心。他开始请求其他去南极探险的同事，帮忙寻找捕鲸人口中近乎透明的“魔鬼鱼”或是“冰鱼”。终于，在暌违了25年后，1953年鲁德再度回到南极，他希望能够找到这种鱼加以研究，以解开它们的血液之谜。

他在南乔治亚岛[1916年，探险家沙克尔顿(Ernest Shackleton)为了拯救搁浅的“坚忍号”船员，曾划船抵达此岛]设置了临时实验室，不久就获得一些珍贵的标本，并小心分析它们身上奇特的血液。他的研究报告在1954年发表。尽管时隔多年，但是这些报告对今天所有首次阅读相关内容的生物学家来说，仍会造成巨大的震撼：这些南极冰鱼完全没有红细胞！在这之前,人们认为,所有脊椎动物血液中都会有这种携氧细胞。确实,除了这15种左右的冰鱼之外,至今还没有发现其他缺乏红细胞的脊椎动物。

红细胞中所携带的大量血红蛋白,在红细胞随血液流经肺或鳃时,能让氧附着其上,并在红细胞经过身体其他组织时,将氧释放出来。血红蛋白由称为珠蛋白的蛋白质及名叫血红素的小分子组成,血液的红色便是来自血红蛋白中的血红素,而血红素同时是吸附氧的成分。如果没有红细胞,人类必定会死亡,所谓贫血就是红细胞数量不足的病症。就算是冰鱼的近亲,例如南极岩鳕或新西兰黑鳕,它们的血液也都是红色的。

这些特殊鱼类的存在引发许多疑问:它们是从何处、在何时、以何种方式进化而来？它们的血红蛋白出了什么问题？没有血红蛋白或红细胞,它们是怎么存活下来的?

要发掘物种的源头,第一步多半是调查化石记录。然而,这类鱼和它们的近亲完全缺乏这项资料,即便找到它们的化石,残存的骸骨也无法透露它们的血液原来是什么颜色,以及在何时发生了变化。不过还有一项关于冰鱼的历史数据——它们的DNA是可以取得的。

在鲁德首次检验冰鱼血液的40多年后,通过研究它们的DNA,我们得到了冰鱼血红蛋白之谜的清楚解答:通常有两个基因与血红蛋白中珠蛋白的合成有关,但是在这些令人惊异的鱼类身上,这两个基因早已灭绝。其中一个已成为分子化石,仅仅是珠蛋白基因的残骸——它们仍然存在于冰鱼的DNA中,不过已经完全失效,并渐渐消失,就像暴露在空气中的化石会逐步分解一样;另一个珠蛋白基因,在红色血液的鱼类的DNA中多半和第一个基因相邻,在冰鱼体内已经完全不留痕迹。这是冰鱼永远舍弃这两个基因的铁证,在5亿年前,这两个基因却是它们的祖先赖以维生的。

它们究竟是为了什么,决绝地放弃了所有脊椎动物都奉行不悖的生活方式呢?

需求和机遇——这两项因素是海洋温度和洋流的长期巨变造成的。

在5500万年前,南极海域的温度下降,某些地方的温度从20℃降到-1℃以下。在3400万到3300万年前,地壳的大陆板块移动,使得南极洲自南美洲顶端分离出去,完全被海洋包围。海流随之变化,南极洲周边的海域被隔断,从而限制了鱼类的迁徙,它们若不能适应环境变化,就会灭绝,而灭绝正是当时大部分鱼类的命运。在其他鱼类消失之时,有一群鱼克服了生态环境的变化。冰鱼是南极鱼亚目中的一个小科,南极鱼亚目现今包含大约200个种,是南极水域的优势物种。

极地水域的低温对生物的生理功能是一项重大考验,就像我汽车里的汽油遇上威斯康星州的冬季会冻住一般,在南极冰冷的海水里,生物体液的黏性会增加,难以在体内流动。大多数在南极生活的鱼类,以降低循环血液中红细胞的比容来克服这个难题。人类的血细胞比容(一定量的血液中红细胞所占的体积比)大约是45%,红血的南极鱼类的血细胞比容大约是15%—18%,冰鱼把这一点发挥到极致:它们将红细胞完全去除,并允许血红蛋白基因产生突变而退化。这些鱼的血液相当稀,只有1%的血细胞(都是白细胞),甚至可以说,它们血管中流动的是冰水!在缺乏生存所必需的血红蛋白的情况下,这类生物是如何存活的呢?

现在已经很清楚的是,缺少血红蛋白所伴随的一整套改变,让冰鱼能在0℃以下的水温中生存。温水和冷水的重要差别之一就是,氧在冷水中的溶解度比在温水中高很多,因此,酷寒的海水是含氧量特别高的栖息地。冰鱼拥有相对大的鳃*,并进化出没有鳞片的外皮,上面有着粗大得非比寻常的毛细血管,这两个特征增加了冰鱼从环境中吸收氧的能力。比起红血的亲戚们,它们拥有更大的心脏和血液量。

冰鱼的心脏和其他鱼类的心脏大大不同——多半是白色的。肌红蛋白是另一种含血红素的携氧蛋白,它形成脊椎动物心脏(和骨骼肌)的艳红色泽。肌红蛋白亲氧能力比血红蛋白大,它们将氧贮存在肌肉中备用。鲸、海豹和海豚的肌肉中有大量的肌红蛋白,所以它们的肌肉是褐色的。大量的肌红蛋白让这些水中的哺乳类得以长时间潜在水中。但是,在冰鱼体内,肌红蛋白并没有取代缺乏的血红蛋白。所有冰鱼的肌肉中都没有肌红蛋白,其中5种冰鱼连心脏里都没有(所以它们的心脏才会如此苍白)。脊椎动物体内的肌红蛋白由单一基因编码,分析白色心脏的冰鱼的DNA会发现,它们的肌红蛋白基因产生突变——多出5对碱基,这5对碱基破坏了产生肌红蛋白的编码程序。在这几种冰鱼身上,肌红蛋白的基因同样处在迈向化石基因的阶段。由于彻底缺乏两种基本的携氧分子,冰鱼心血管系统发生许多适应性改变,以供给机体组织足够的氧。

要在严寒的水中生存,还需要做更多改变。冰鱼DNA里多的是进化上的证据,就连每个细胞的基本结构都必须修改,以适应冰冷的生活环境。例如,微管在细胞内形成重要的骨架,或说是细胞的“骨骼”,它涉及细胞分裂和运动,以及细胞外形的形成。因为微管身负重任,组成微管的蛋白质就在最完整的状态下保存着,这不只限于脊椎动物,所有真核生物(包括动物、植物和真菌)亦然。哺乳动物的微管在10℃以下会变得不稳定,如果这种事情发生在南极鱼类身上,它们就死定了。幸

* 指鳃相对身体来说较大。——译者

好,南极鱼类的微管可在冰点之下正常组成,并且维持稳定的结构。微管性质的这项惊人改变,是因为编码微管生成的基因发生了一系列变动,这是鱼类适应冰冷环境的独特机制,冰鱼及它们红色血液的南极表亲皆如此。

还有更多基因发生变动,才使得许多生命活动得以在冰点以下的环境中进行。但是适应寒冷不只限于基因的改变和退化,还包括发展出新的生理机制。首先是发明"抗冻"蛋白,南极鱼类的血浆中充满这种特别的蛋白质,它帮助降低鱼体内冰晶形成的临界温度,让鱼能在冰冷的水中存活,如果缺少这类蛋白质,这些鱼就会被冻成冰块。这类蛋白质的结构并不寻常,但足够简单,只由3种氨基酸重复排列4—55次,而一般的蛋白质则多半由20种不同的氨基酸组成。生活在常温水域中的鱼类没有这种蛋白质,所以抗冻基因可说是南极鱼类的独特发明。到底这组抗冻基因是从哪里来的呢?

郑志兴(Chi-Hing Cheng)、德夫里(Arthur DeVries)和他们在伊利诺伊大学的同事发现,这组抗冻基因是由另外一组负责消化的基因衍生而来,与抗冻完全不相关。有一小部分基因片段从该组基因脱落,移动到这些鱼类基因组的另外一个位置,从这一小组仅有9个字母的基因片段中延伸出一组形成抗冻蛋白的基因。抗冻蛋白的起源是一个很好的例子,让我们知道进化多半以现有的基因来拼凑出新内容——在这个例子里是来自另外一组基因的一小部分——而不是凭空演变出新的基因。

同为寒冷地带的居住者,我相当钦佩冰鱼的胆量和创意。我们用尽各种方法,让汽车能在威斯康星冰点以下的气温中跑动;而冰鱼竟然是在**跑动的过程中**进行"引擎"的改造。它们发明了新的抗冻剂;提升了汽油(血液)的等级,使其黏滞性大幅降低;扩大了它们的油泵(心脏)

容量;并在这一过程中丢弃不需要的零件——那些在各类鱼体内运作了5亿年的基因。

冰鱼和其他物种的DNA记录是进化过程的新证据,它让我们得以超越可见的骨骼和血液,直接进入进化的重要内涵。冰鱼的成功发展过程尽管有些繁琐,但在DNA水平上仍描绘出成功发展为适者的正常历程。冰鱼进化前生活在温水中,有着红色血液,并不适合在天寒地冻中生活。为了应付南极海域环境改变所做的调适,并不是一时兴起的短暂作为,更不是单向的渐进过程,而是许多步骤即兴拼凑成的一系列改变,包括一些新基因序列的产生、旧基因序列的摧毁,还有许许多多其他的改良。

比较不同的冰鱼、它们的近亲,以及其他南极鱼类的基因状态,我们可以发现在不同的进化阶段基因的变化情形。南极鱼亚目中的200多个种都有抗冻蛋白基因,所以这是较早的演变,微管基因的变化也是在此时产生的。但是仅仅15种左右的冰鱼有血红蛋白化石基因,这表示冰鱼分化出来时,便舍弃了血红蛋白基因。再者,有几种冰鱼无法产生肌红蛋白,但其他的冰鱼可以,由这点可以看出,肌红蛋白基因的变化比冰鱼的起源还要晚,而且目前还在进化中。凭借检验各个物种的DNA序列,我们可以将这些进化上的事件,对应到南大西洋的地质年代表中——配合2500万年前进化出的南极鱼亚目的鱼类,以及800万年前进化出的冰鱼(图1.2)。DNA记录告诉我们:冰鱼由温水、依赖血红蛋白的生活方式,转变成冰水、无需血红蛋白(有的甚至不需要肌红蛋白)的生活方式,是逐步进化而来,而非一蹴而就。

从红色血液、生长在温暖水域中的冰鱼祖先绵延相传到冰鱼,这个长期进化过程累积而成的DNA记录,活脱脱体现了进化的两个关键原则——遗传变异和自然选择。这两个原则最早是由另一位动物学研究

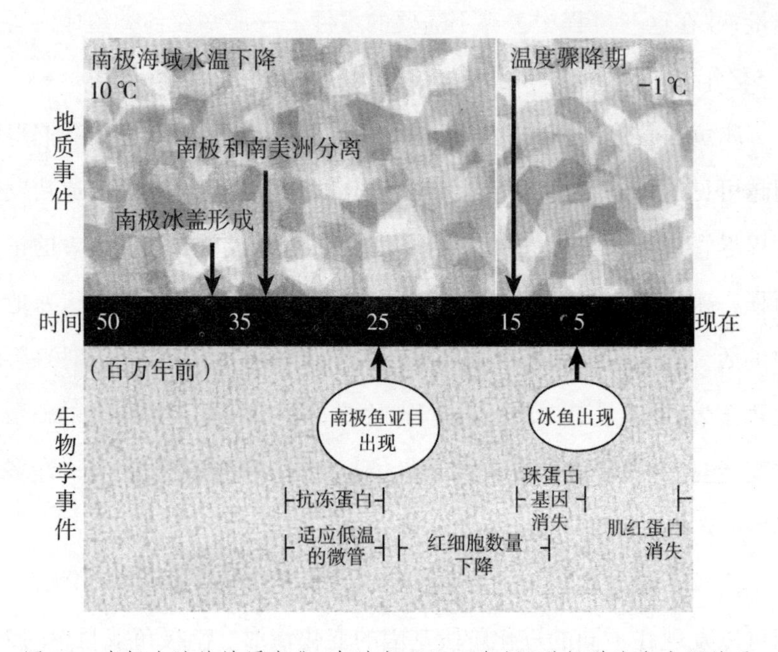

图1.2　南极大陆的地质变化，在过去5000万年间，引起洋流和水温的重大改变。(上)冰鱼进化的时间轴。(下)南极鱼亚目为了适应较低的水温，进化出抗冻蛋白、在低温中稳定的微管，还有低血细胞比容。最后，无血冰鱼共同祖先的珠蛋白基因化石化。[奥尔兹(Leanne Olds)绘]

者达尔文主张的，他环绕南大西洋航行的时间，比吕斯塔和鲁德早一个世纪。我将在这本书中描述新的DNA记录，为了完全品味这个记录的力量，以及它在进化过程中的地位，我们有必要重新理解达尔文的这两个原则，还有最初在《物种起源》中关于它们的叙述。

回归达尔文

1831年12月，22岁的达尔文登上英国海军舰艇“贝格尔号”，展开一场长达5年的环球旅程。这趟旅行大部分时间耗费在南美洲一带，船长菲茨罗伊(Robert Fitzroy)像患上了强迫症，一遍又一遍地绘制各处河流和港口的航海图。达尔文则趁此时机将这片广大陆地上的动物、植物、化石和地质数据详细记录下来,这些数据将发表在20多年后出版的《物种起源》一书里。《物种起源》的开头几句是这样写的:

当我以博物学者的身份参加"贝格尔号"皇家军舰航游世界时,我曾在南美洲看到有关生物的地理分布以及现存生物和古代生物的地质关系的某些事实,这些事实深深打动了我……这些事实似乎对于物种起源提出了一些说明——这个问题曾被我们最伟大的哲学家之一称为神秘而又神秘的。归国以后,在1837年我就想到如果耐心地搜集和思索可能与这个问题有任何关系的各种事实,也许可以得到一些结果。经过5年工作之后,我专心思考了这个问题,并写出一些简短的笔记;1844年我把这些简短的笔记扩充为一篇纲要,以表达当时在我看来大概是确实的结论。从那时到现在,我曾坚定不移地追求同一个目标。我希望读者原谅我讲这些个人的琐事,我之所以如此,是为了表明我并没有草率地得出结论。

他的"摘要"长达502页,在1859年11月24日一天内卖光。

著名的生物学家托马斯·赫胥黎(Thomas Huxley)在阅读《物种起源》后说道:"我真蠢,居然从来没想到这些!"

与最流行的一些观点不同,在达尔文这本书中,进化的概念并不是新颖的。进化的可能性已经在达尔文的家族中流传了几十年,他的祖父伊拉斯谟·达尔文(Erasmus Darwin)在他的著作《动物法则》(*Zoonomia, or the Laws of Organic Life*, 1794)中就提出过一种进化的理论。

激起赫胥黎响应的,不只是此书中关于物种的变化,还有那两个简单有力的概念——"遗传变异"和"自然选择",它们被用来描述生命进化,以及进化的机制。

达尔文做了一项模拟工作,拿驯养动物的变异的选择和野生动物的生存斗争做比对,后者必须产生大量后代,远超过能生存下来的数目：

那么在广大而复杂的生存斗争中，对于每一生物在某些方面有用的其他变异，难道在连续的许多世代过程中就不可能发生吗？如果这样的变异确能发生（必须记住产生的个体比可能生存的为多），那么较其他个体更为优越（即使程度是轻微的）的个体具有更好的机会以生存和繁育后代，这还有什么可以怀疑的呢？另一方面，我们可以确定，任何有害的变异，即使程度极轻微，也会严重地遭到毁灭。我把这种有利的个体差异和变异的保存，以及那些有害变异的毁灭，叫做"自然选择"。

——《物种起源》第四章

达尔文接着大胆得出结论，他认为这个过程经由传宗接代的演变，将现今所有的生命形态与它们的共同祖先连结到一起：

若干类事实依我看来，是这样清楚地示明了，栖息在这个世界上的无数的物种、属和科，在它们各自的纲和群的范围之内，都是从共同祖先传下来的，并且都在生物由来的进程中发生了变异。

——《物种起源》第十三章

然后，还有更大胆的推论：

所以，我从这些比较中可以得知，地球上的所有生物，可能都来自同一个最初的生命形式，它也开启了地球的生命史。

——《物种起源》第十三章

这就是达尔文进化论的精髓——自然选择的法则让生物由单一的祖先，进化成五花八门的物种。这个逻辑很简单，却是不朽的科学理论，难怪赫胥黎要这般自责。

除了这几个论点，《物种起源》还有更多内容[其中有一些论点，是华莱士(Alfred Russel Wallace)在南美洲和马来群岛独自做研究时就已经得出的结果]。达尔文带来的是**证据**:堆积如山的观察报告、互相佐证的事实、精巧的实验记录、绝妙的分析,还有以20年时光淬炼而出的完美理论。

生物学家给予达尔文尊敬有多方面的原因:毫无疑问,《物种起源》是生物学上最重要的作品,达尔文的"冗长论点"架构出众,佐以令人目眩的事实记录,还有他那英雄式的个人努力的结晶。这本书在今日也极具可读性,书中所表露的热情回荡至今。他的成果也记录在其他书籍里——从他观察珊瑚礁的结构、到性选择的重要性,还有兰花、藤壶,以及很多其他东西的生物学知识。他的成就来自他的天分和勤勉。

那么,为什么他的伟大想法会遭遇如此艰难的处境?

跟随达尔文的脚步

达尔文洞烛先机,他正确预测到自己的理论将会遭遇反对的声浪。许多人攻击他,因为他们认为达尔文对生命史的观点,是对某些非科学领域的反叛和贬低。大部分科学家很快就接受进化论的事实,也就是说,他们承认物种的确经过改变,但是就连达尔文的支持者也难以理解他所提出的机制。

质疑进化**如何**发生是很合理的,我相信大多数人,无论是科学家还是外行人,一开始都不太愿意接受达尔文所勾勒出的自然选择理论,这个理论后来被广为理解为"适者生存"[一个有趣的小批注:提出这个著名词句的不是达尔文,而是知名哲学家斯宾塞(Herbert Spencer)。这个说法直到1869年《物种起源》发行第五版时,才在华莱士的建议之下加入]。达尔文提出的进化过程有三项关键要素——变异、选择和时间。这三个要素各代表某些概念上或证据上的难题,也都有可能受到质疑。达尔文要求他的读者从本质上去想象,会被选上(选择的过程是不可见,亦不可计量的)的变异(这些变异的基础尚未明了,也不可见)是多么的小,而且这些变异的积累超越了人类所能体验的时光。达尔文了解其中的难点:

我们天然地不愿意承认一个物种会产生其他不同物种的主要原因,在于我们总是不能立即承认巨大变化所经过的步骤,而这些步骤又是我们不知道的。这和下述情形一样:当赖尔(Charles Lyell)最初主张长行的内陆岩壁的形成和巨大山谷的凹下都是由我们现在看到的依然发生作用的因素所致,对此许多地质学者都感到难于承认。思想大概不能掌握即使是一百万年这用语的充分意义;而对于经过几乎无限世代所累积的许多轻微变异,其全部效果如何更是不能综合领会的了。

——《物种起源》第十四章

著名的生物学家兼作家道金斯(Richard Dawkins)指出,自然选择的概念既简单又扑朔迷离:"人脑似乎生来就是要误解达尔文主义,以及发现它实在难懂。"机遇(用以产生变异)和选择(决定哪个变种能存活)的个体成分很容易被误解或混淆。机遇的作用常被扩大(有时是进化论的反对者刻意为之),让人以为进化完全是随机发生,一切的法则和复杂性在同时随机发生。但事实完全不是如此,选择不是随机的,它决定哪些机遇能被保存下来。**累积性**选择(用达尔文的词汇来说,就是"加和")所选出的变种造成生物的复杂性和多样性,而此所需的时间过长,超出人类可以理解的范围。自然选择理论更让达尔文的支持者精疲力竭,他们无法理解为何选择的力量如此强大,以至于可以分辨并累积细微的变异。

直到《物种起源》出版50多年后,生物学家终于体会机遇、选择和时间的交互作用。最后,一些简便的数学运算,就是我们拿来计算赌资、彩票中奖率,以及存款贷款利率的算式,让生物学家们(包括一些有名的反对者)相信,自然选择至少在理论上足够强大、快速,可用以证明进化。

但数学演算只能做到这里。就像鲁德与南极无血鱼的故事一样,对我们大部分人来说,眼见才能为凭。我们要看到进化的证据,我们希望能够看到、评估、回溯物种之间进化的过程。

140年之后的今天,我们能做到了。

进化的DNA记录

我们现在知道,进化的每一步都被记录在DNA中——从南极鱼血液中的抗冻剂,到山地野花的美丽色彩,再到装着我们大脑的大型头颅——每一个变化或新的特性都是从现今已经可以追溯的DNA中,一步一步(有时候是很多很多步)进化而来。有些变化非常微小,如一个基因编码序列上的一个字母产生变动;有些变化则大得多,一口气就产生(或舍弃)整个基因或基因中的多个区块。

我们能追溯这些变化,是因为我们在物种基因和基因组(一个物种所有的DNA)方面有突破性的认识。从数年前只破译出细菌和酵母小小的基因组开始,一些复杂生物,如大猩猩、狗、鲸,还有好几种植物,它们庞大的基因组随之迅速地被一一破译。现在多种生物独有的DNA序列都有了完整记录,该序列也是基因如何建构和运作该物种的翔实目录。

DNA记录也是通向近代和远古的一扇窗。当某个种群的基因组被破译,要分析与其亲缘关系相近的种群的基因就容易许多。对于分属不同层级、有亲缘关系的物种,通过比较它们的基因和基因组,我们也可以洞察其中的重大变化,找出选择留下的记号。黑猩猩是地球上和人类亲缘关系最近的物种,我们可以追溯到几百万年前,找到当时两者的共同祖先所发生的改变,这种改变导致在进化的路线上产生人类和黑猩猩这两个物种;我们可以回顾大约1亿年的时光,看到有袋哺乳类和有胎盘哺乳类之间是如何分化的;我们甚至可以一窥动物诞生前单细胞生物身上的几百种基因,经过20多亿年的进化,它们至今仍存在于我们体内,执行着相同的任务。

我们了解进化机制的能力,影响我们看待进化过程的态度。100多年前,我们只能观察化石记录的外表变化,以及解剖学上呈现的物种差异,看到进化的表面。在分子时代来临之前,我们无从比较不同物种的基因:我们可以观察生物的繁衍和存活,推测其背后的推手,但对变异的机制,或是物种之间实体差异的本质,仍旧没有具体的概念;我们虽然确知结果是适者生存,但并不知道**适者如何产生**。就像任何人类发明的东西一样,当我们了解它们是如何制造的,以及每一种新型号和旧型号之间的差异,我们就会更了解复杂的东西(如汽车、计算机、宇宙飞船)是怎么一回事。我们不再继续当看着船的野人。

本书的重点在于,通过仔细观察DNA记录来看出进化如何运行。我们将会看到许多迷人生物身上最有趣且最重要的能力,发掘出它们是如何发展出来的。本书主要分成三个部分,我要把它们想成一道令人难忘的大餐,这三个部分分别是——小小的准备、丰盛的食物和一些有意义的对话。首先,为了准备这顿大餐,我想好好解释进化的主要成分——变异、选择和时间,这样我们才能完全体会它们是如何交互作用,以造就出适者。

诺贝尔生理学医学奖得主彼得·梅达沃爵士(Sir Peter Medawar)曾说:“那些让专家学者毫无异议地接受进化假说的理由,对外行人来说太过微妙而无法理解。”

这话我可不同意。如果这个说法是对的,那么科学家就无法清楚解释,历时长久的自然选择,如何创造出从鲸到无血冰鱼等大大小小的生命。

为了纠正这个看法,我将解释"进化论的日常运算"(第二章)。这是最好的方法,它能让人深切了解自然选择的力量,同时去除一些进化事件在概率方面的误导。通俗的进化论里,这些简单的数学算式多半没有出现,但是它们很重要,不止让人认识到自然选择理论的合理之处,还能阐明现实中的机遇、选择和时间三者之间的交互作用。我知道你会说:"数学? 省省吧!"别担心,至少这会增强你赌博或投资的能力。

本书的主体是一套6道菜的大餐,由6个章节来呈现。每个章节的重点都是新的DNA记录如何揭示进化论的特定观点,并且配合新的证据来呈现,这可是连达尔文本人,或是他那些擅长数学运算的信徒们做梦都想不到的。

一开始我会先从地质学的时间轴出发,叙述DNA记录如何记载自然选择和遗传变异的过程,我将会展示自然选择如何淘汰达尔文口中"有害的改变"的铁证(第三章)。这项证据以基因的形式清楚呈现,这些基因涉及各类生物,并且被保存超过20亿年。这些"不朽"基因固守在"恰当的位置",受到自然选择的严格监控。不朽基因不只坚忍撑过突变长久、持续的攻击,它们也是万物同源的关键证据,更提供了重新建构生命进化中早期事件的新方法。

接着我将谈到一个基本问题:物种如何得到全新的能力,并且调整它们既有的能力(第四章)。我会把重点完全放在一组极微妙的例子上,这组例子和动物色彩视觉的起源与进化有关。具有及调整这项能力是动物生活方式的中心,这牵涉到如何找寻食物和伴侣,还有如何在白天、夜晚或深海里视物。从DNA水平来看,我们更加容易理解色彩视觉是如何获得和调整的,自然选择对进化中基因的作用也能得到很好的展现。

这些自然界的进化实例,对进化的某些特定事件和方式,是颇具说服力的明证。从很多方面来看,它们证实了数十年前的理论。不过DNA记录如果没有带来什么惊喜的话,那它的重要性会大大下降。有些信息我们以往未曾留意,一旦揭露出来,就为透视进化过程带来新见识和新方法,这些信息确实贵若珍宝。

正当大部分生命史研究的焦点仍围绕着传统的化石记录打转时,在DNA中,生物学家已经发现一种新型的化石记录——“化石基因”(第五章)。如同沉积岩保存着死去的古老生物形态一般,各种生物的DNA中保存着许多“古老”的基因,有时数以百计,它们不再被使用,并处在各式各样的退化状态。化石基因,就像之前描述冰鱼所提到的那些,透露出很多蛛丝马迹,包括:生物过去所拥有的能力,现今物种和它们祖先相比生活方式的改变。人类的化石基因揭示出许多人类和人科祖先之间的差异。

尽管如此,最令人惊奇的是,进化如何不断重演(第六章)。不同物种各自得到或失去类似的特性,仔细比较它们的DNA,我们通常可以发现,同样的进化过程在重复上演,而且就发生在同一组基因,有时甚至是在同一个基因的编码上。某些案例里,在不同的物种身上同样的基因已经成为化石基因,这是很重要的证据,证明在时间的长河中,即使是完全不同类别的物种,遇到类似的特别状况时,也会做出同样的回应。我们曾经以为过去发生的事件有其独特性,然而进化重演非常普遍,我们不得不因此改变想法。新的DNA记录告诉我们,可能性不只独厚某些物种,许多物种都会不断找到新的出路。

进化的重演性不仅出现在遥远的过去,也不仅限于某些不那么有名的物种,它就发生在“我们的血肉”中(第七章)。人类这个物种由自然环境,还有我们遭遇的病原体塑造而成,我们和亘古以来的宿敌(如疟疾)进行进化上的贴身搏斗,这些战役留下的伤疤就刻印在我们的基因上。我将会说明自然选择如何塑造我们的基因,而这件事对生物学和医学又有何作用。

我在这5个章节中所提出的种种证据,证明了自然选择无处不在,或者说,它对个体发生的细微变化具实时性反应。然而,自达尔文以来,进化过程最难以理解的一面是,自然选择累积的力量在复杂生物结构的进化上所起到的作用。100多年来,关于复杂器官和肢体的形成或发展史的详细知识,实在令人难以企及。

在这套大餐的最后一道菜里,我将描述一些近期的见解——关于"复杂度的进化和塑成"(第八章)。我会强调:为何对发育过程的了解,能透露复杂的结构是如何形成的;比较不同复杂度的结构的发育情况,为何能让我们知道这些结构是如何进化的。要洞察复杂度和多样性如何通过古老的身体建构基因进化而来,关键就是DNA记录。

眼见为凭:进化为什么重要

现实生活中对进化过程的观察,以及丰富古老的DNA记录,为餐后的谈话搭好了舞台。在本书的最后两章,我将会对照当代和历史上围绕着进化论的正反两方面思潮,并强调把进化知识应用于现实世界的重要性。我们可以从早期一连串习惯性的漠视,还有大众对科学——对伽利略(Galileo)、巴斯德(Louis Pasteur),甚至对证实DNA是遗传的基础这一科学观点——的抵制中,得知进化论反对派或存疑派的想法。天文学、微生物学、遗传学等学科在一定时间内受到抵制,直到有形的可见证据成压倒之势。但是,人们无法驳倒新的DNA记录,因为关于进化的事实铁证如山,而且不断增加。

本书可能会被批评为"基因中心论",因为书中太强调DNA水平的事件。我承认我的陈述确实以基因为中心,但我这么做的原因是,书中所选取的故事都阐明了物种在各种逆境中适应求生的力量。

这个对如何塑造适者的新认知,拓展了我们对塑造生命惊人多样性的所有过程的好奇心。这些惊人的生物多样性包括:住在沸水里的古老微生物,不需靠血红蛋白生存的鱼类,能看到我们人类看不到的色彩的鸟儿和蝴蝶,会写书的猿。这项认知同时揭示,"适者"为何及如何成为一种有条件的,甚至是不稳定的状态。

进化论的日常运算和生命的DNA记录告诉我们:自然选择只能挑出对当下有用的部分,却不能将不使用的部分保存起来,也不能预测未来需要用到什么部分。这种"活在当下"的进化方式有其风险,因为如果适应的能力赶不上环境的剧变,适者无法及时产生,种群和物种将有灭顶之灾。

历史告诉我们,当环境发生全球性或地域性的巨变时,已存活了许多世代的适者就会被取代。三叶虫、菊石、恐龙等许多生物都曾是进化产生的优势种群,现在却只存在于化石记录中。冰鱼在适应南大洋环境时,进行了令人惊异的进化旅程,但这很可能是无法调头的单行道。它们已经舍弃了一种生活模式,失去的能力再也无法恢复,因此,它们的未来充满了不确定性。

吕斯塔无意间从他捞磷虾(*Euphasia superba*)的网中发现冰鱼的踪迹。磷虾是一种5—8厘米长的甲壳动物,是南极食物网的核心。2004年底,生物学家收集了来自9个国家、针对南极洲的超过40个夏天的相关数据,研究之后他们发现,南极磷虾自从20世纪20年代以来,已经减少了80%。磷虾吃的是依赖浮冰生长的浮游植物和海藻,这些植物数量正在缩减,而磷虾是海鸟、枪乌贼、鲸、海豹和冰鱼的食物。过去50

年,南极半岛的气温上升了2—3℃,根据推测,南极海域的水温在未来的一个世纪里也将上升好几度。如果该事件发生的话,已经适应寒冷环境的物种将无法承受这样锐变的气温和食物的短缺,庞大且重要的南极渔业将会崩溃,冰鱼也无法幸免。

因此,进化生物学的知识不只是供学术追求,接受进化事实与否也不应是一件供政治或哲学争辩的事件。

彼得·梅达沃爵士也曾说过:“思考进化地位的变通方案就是什么都不要想。”这是人类无法承担的变通方案。

第二章

进化论的日常运算:机遇、选择和时间

科学的全貌只不过是日常思考的精华。

——爱因斯坦(Albert Einstein)

▲
达尔文的鸽。达尔文以原鸽进化成许多外貌缤纷的鸽为例，证明选择对变异的作用。[插画来自：*The Variation of Animals and Plants Under Domestication*, Vol. 1(London: John Murray, 1868)。洁米·卡罗尔(Jamie Carroll)剪辑。]

每隔几个月,广播或电视会报道威力球乐透彩大奖再次无主,奖金累积到一个庞大的数字,这促使更多希望一夜暴富的人抢购彩票,于是奖金数额再次增加。许多人居住的州没有乐透彩,这些民众会大老远开车到别的州,花大把钞票购买彩票,他们不会为四五千万美元的奖金动心,但2亿美元的大奖可真的是值得投资!

加利福尼亚大学的教授奥尔金(Mike Orkin)指出,如果某个家伙开了10千米的车,就为了买彩票,他或她死于车祸的概率将比赢得奖金的概率高16倍以上。你说:等等,那只是一张彩票,大伙儿可都是买了好几张呢——确实,多买几张彩票能增加获奖率,但是奥尔金也说,如果某人每周买50张彩票,他平均每3万年能赢一次头奖。

我们对于统计和概率肯定会有一些古怪的念头,而且不仅仅是在买彩票方面。

鲨鱼袭击事件总能登上报纸头版(更别说因此而催生了几部电影)。但事实上,在美国境内,3亿人中每年只有1个人会死于鲨鱼攻击,不过这个数据无法减少我们内心的恐惧和病态的幻想。如果鲨鱼不够恐怖的话,还有美洲狮呢!美洲狮在加利福尼亚州的数量越来越多,而每年致命攻击的发生概率是三千二百万分之一。虽然相比之下,被狗咬死的危险性是七十万分之一,大约比前面的数值高上50倍,但我们仍乐于和这些可爱的、流着口水的杀手共处!

人性让我们自信会在美好的事件中取得胜算,但更担忧发生概率极小的惨剧的降临,与此同时,我们忽略了更直接更重大的危机。很明显,心理学和统计学占用我们脑中不同的区块。

我举这些有关概率的例子,是因为进化论确实包含一些机遇因子,这也是它招致质疑和困惑的主要原因。有些人观察自然的法则,以及物种适应生存环境的特异方式,如冰鱼生活在南极海域冰冷的水中,但他们并不相信这些事件可能会随机发生在任何一个阶段,他们甚至总结这样会使大自然创造任何新的、有用的或者复杂的事物机会渺茫。要摒除这些质疑,首先要了解机遇、选择和时间三者之间的交互作用。在这个章节里,我将展示,要理解进化——随着时间而产生有意义的变化——说穿了就像理解一些我们用来计算日常事件(如乐透彩)的数学运算,还有思考模式。

当爱因斯坦被问到"宇宙中最强大的力量是什么"时,他回答:"复利。"如果他更聪明一点的话,他会说:"自然选择。"其实这两种力量都来自同样的数学原理。这个原理很简单:某人一开始只有一小笔本金(比如说,银行存款),其年利率似乎也不怎么高(如银行利率),但只要有足够的时间,这笔钱会在多年的利滚利之中大大增加。

如果放到进化论的框架里来看,那"一小笔本金"是种群中拥有某种特性的个体数量,那个"不怎么高的利率"是这种特性在面对选择时的小小优势。简单来说,进化所需的"足够的时间"比我们想象的要短。要让一种特性在种群中变得普遍,大约不超过几百个世代,在地质学上只不过是一眨眼的光阴,这一论点,在达尔文提出他的自然选择理论好几年之后才被接受。这个简单事实的影响相当深远,它告诉我们,历经自然选择的作用后,个体间小小的差异会累积成物种间重大的差别。

以鸽和鼠来破除疑虑

首次阅读《物种起源》的人或许会期待看到一连串令人目眩神迷的生物多样性场景,或关于人类起源脍炙人口的故事,但他们失望了。这是生物学最重要的典籍,我们在第一章看到的却是……鸽。

没错,在5年的环游世界之旅,还有20多年的研究和写作之后,达尔文在凝聚他毕生心血的巨作中,劈头就谈英国的鸽。

许多有才气的杰作都是这样开头的。

在解释自然选择和万物同源之前，他选择了一个平易近人的例子——鸽的饲养，来说明选择和血统的概念。

达尔文是鸽专家，他首先解释道："我相信最好要研究特定的种群，经过思考之后，我选择了家鸽。我饲养过所有我能取得的鸽种，也接受他人赠予的、来自各处的鸽。"

达尔文从鸽身上了解到个体差异和选择的交互作用，也体会到选择在经过一段时间的作用之后，会造成物种之间的重大差别。

他指出，不同的鸽之间有很大的差异，就算捉几只给一位鸟类学家看，谎称它们是野生的鸟类，它们大概真的会被分类成不同的物种。但是达尔文正确推论出它们都是从原鸽进化而来，接着，他把这个论点套用在所有生物上。

博物学家和育种者都被外表所误导，认为各个品种的家畜（牛、羊等）都是来自不同的祖先。达尔文写道："当我最初养鸽并注意观察几类鸽子的时候，清楚地知道了它们能够多么纯粹地进行繁育，我也充分觉得很难相信它们自从家养以来都起源于一个共同祖先，这正如任何博物学者对于自然界中的许多雀类的物种或其他类群的鸟，要得出同样的结论，有同样的困难。"对于人们难以正确评价选择的影响，他的解释很简单："根据长期不断的研究，他们[育种者]对几个族间的差异获得了强烈的印象……但是他们对于一般的论点却是一无所知，而且也不肯在头脑里把许多连续世代累积起来的轻微差异综合起来。"

达尔文认识许多养鸽迷，他和他们分享养鸽知识，了解要以选择性的饲养法改变鸽种特性，得花上多少时间。他记录道："技术最好的育种者约翰·赛伯莱特爵士（Sir John Sebright）曾说过，在养鸽方面，他'可以在3年内养出具有某种羽毛颜色的鸽，但如果要培育出某种头型和鸟喙,则要花上6年的时间'。"

达尔文深信自然选择历经时光淬炼后的力量,但在当时就连他最忠诚的拥护者都存有异议。

麻烦的一点是,到底自然选择的力量是不是足够强大,能够作用在个体间微小的差异上,还是说,只能作用在较大的差异上。达尔文最亲近的盟友、生物学家托马斯·赫胥黎完全相信自然选择理论,但他发现有一点难以解释,即现存物种和化石记录之间的鸿沟是自然选择长久以来不断作用在微小差异上的结果。他宁可认为这是选择作用在"突变"上的结果。突变就是个体之间不连续的巨大变化,他最喜欢的例子就是人类和其他动物拥有不同的手指数。如果这种变化能在一个世代中形成,在他看来,物种间不同手指数的进化就可以用突变来解释。这个解释比循序渐进的进化要好,赫胥黎对此坚信不渝。自然选择的力量是否足够强大,能塑造出复杂结构循序渐进式的进化,这问题在当时只能留待新一代的生物学家来解答。过去有很长一段时间,达尔文学说并不被看好。

赫胥黎和达尔文终其一生完全不知道何谓遗传机制。遗传学最初的一些法则由一名奥古斯丁修道院的修道士孟德尔(Gregor Mendel),在19世纪50年代晚期到60年代早期(颇具讽刺意味的是,正是《物种起源》出版之时),从种植豌豆的实验中发现。当时,孟德尔已知道达尔文这个人,虽然收录孟德尔研究的德国期刊可在英国获得,但达尔文这位伟大的博物学家从未听说过孟德尔的研究。直到1900年,孟德尔的工作发表34年后,同时也是孟德尔死后16年,才被学术界注意到。

剑桥大学的博物学家贝特森钻研孟德尔学说,他研究个体变异的法则,并且针对各种自然界里的非连续的重大变异写了一本厚厚的书。这是他信仰的基石:选择作用于个体间的重大变异;达尔文提出进化来自微小变异的累积,这个论点并不正确。

贝特森认为,他在孟德尔的工作中找到了支持他论点的证据。孟德尔证明,豌豆的一些特性以简单的方式进行遗传,如豌豆的形状或颜色都由单一的单元(现在我们称这些单元为基因)决定。对贝特森来说,这是进化作用在大的、分离的差异——外形是光滑还是有皱褶、颜色是黄还是绿,而不是作用在两种性状之间的微小变化的有力证据,这些性状之间没有渐变的过渡空间。孟德尔发现的新证据,加深了选择论支持者和怀疑者之间的鸿沟。孟德尔定律很明显是正确的,所以到底是什么新发现将达尔文重新提上来的呢?

转折点来自某个学术新知,颇具讽刺意味的是,它曾被达尔文学说的怀疑者认为是反达尔文学说的一大证据。这个故事完美地反映了托马斯·赫胥黎曾提醒过的:"科学警告我,要小心地接受一个与自己众多预见一致的观点,并要为自己的信念找寻比自己先前反对的论点更有力的支持证据。"

孟德尔遗传学的发现为各种科学研究注入新的血液,包括动物育种实验。在这个领域最重要的人物之一是哈佛大学的卡斯尔(William Castle),他结合了孟德尔的遗传学说,以及贝特森认为非连续变异是进化的原材料的观点,但是没多久卡斯尔对贝特森的支持就产生了逆转。

卡斯尔的转变来自一系列的育种实验。他养了好几代的鼠,一开始,他和其他生物学家都相信,选择无法让某一性状发生突破此性状变异原始极限的改变。卡斯尔是以兜帽鼠为实验对象,这种鼠毛皮的黑色部分从头部延伸到肩部,就像兜帽一样。卡斯尔和他的学生发现,他们可以通过重复地选择性配种,制造出全新的毛色范围。有些鼠黑毛的范围不超出上一代,但有些鼠毛色范围很极端,大大**超出**亲代原本的模式(图2.1)。卡斯尔意识到,有许多基因专门控制毛色分布,它们能

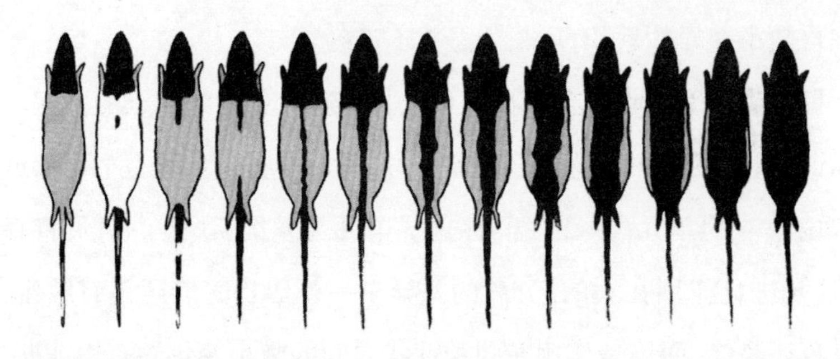

图2.1　选择对卡斯尔的鼠毛色的作用。这些鼠的深色色素或"兜帽"的范围,可经由选择性配种,制造出超越亲代的模式。这是选择力量的重要证据。[来源:W. E. Castle and J. C. Phillips (1914), Carnegie Institution of Washington Publication, no. 195。]

够创造出一组个体变异的连续变化,他的选择性配种图谱就是这些基因变异体的组合。他得出了与他原来的观点相反的结论:渐进的微小变异对进化来说已经足够。

卡斯尔的实验和逆转的结论,只是将进化论主流观点转向了达尔文的自然选择的证据之一,除了这些实验证据,还有一个全新的方法得以触及进化论、自然选择,还有遗传学,那就是数学。

进化论的代数运算

庞尼特(R. C. Punnett)是另一位早期的遗传学家,他强烈反对达尔文的观点,却在无意间开发出牢固支持自然选择理论的数学分析方法。庞尼特对蝴蝶的拟态(mimicry)很感兴趣,他发现,在鸟儿眼中是美食的几种蝴蝶,竟进化出与相同地域中鸟类无法食用的蝴蝶相似的翅膀花纹。为了知晓选择能在多么短的时间内将某些特性散布至整个蝶群或淘汰掉,他向数学家诺顿(H. T. J. Norton)求教计算方面的问题。

诺顿把所有数据做了些计算,发现了让庞尼特和许多人惊讶的结果:选择和进化比大家所预期的要快得多,"因为变异产生的速率非常快,而自然选择又必须运作在既成的变异上,所以,就进化是某一结构取代另一结构的观点来看,进化可以是一个非常快速的过程,比我们所猜想的还要快”。

这里的关键词是“猜想”。在诺顿咀嚼这些数据之前,选择在种群或物种内进行的时间范围一直是含糊不清的。

诺顿所做的只是提问:已知一个种群中某个性状的某个初频率,在不同的**选择速率**之下,要花多久时间才能增加或减少该种性状的频率?他的计算基础很直接,就是加入了复利的类比,他提出的问题和“如果有一定数量的本金,在不同的利率之下,这笔本金如何随着时间改变”相当类似。

像我们这些老得可以领退休金,或是有幸能有笔存款的人,应该对复利的力量很清楚。任何东西——金钱、人口、鱼类,当其增加的数量和现有的数量成一定的比例关系时,它的数量将呈指数方式增加。在金钱方面,增长速率的关键是利率或回报率的多寡。如果一位投资者能获得7%的复利,她的财富大约每10年会增加1倍;只能拿到1%复利的投资者,要等70年才能得到2倍的财富。70年后,不同利率让第一位投资者的财产倍增7次,而后者只有1次。换句话说,头一位投资者能拿到2×2×2×2×2×2×2,也就是128倍的金钱,第二位投资者只能拿到2倍,其中差了64倍,这就是那6%的利率差所带来的差异。

在生物学方面,指数增长不能这样计算,因为生物会死亡,而且资源有限。达尔文的一个有名的例子是这样的:一对大象在它们一生60年中能生下6头后代,即使把死亡率算进去,500年后它们也会有1500万头后代。但是有限的土地、食物和水代表所有的生物都在竞争之中,竞争是自然选择的关键之一,抑制了生物种群的无限增长。只要是有竞争的地方(也就是每个地方),再加上遗传变异,选择就会产生。

生物学家用来衡量选择的力量的术语称为**选择系数**(selection coefficient,缩写为*s*),和利率是一样的概念。这个系数指示,有或没有某个遗传特征的个体,在有关繁殖成功和存活上的累积差异。例如,如果带有某个有利特性的个体能产生101个后代,而没有这项特性的个体只能产生100个后代,这里就有1%的优势比率(1%的复利),*s*的数值就是0.01;如果拥有某个不利特性会让后代数量变成99,那么*s*就是-0.01。这些或正或负的选择系数数值就是**适者**的指标,它是一个相对的尺度,而非绝对的标准。

爱因斯坦和投资者都知道复利的威力,诺顿则帮助生物学家体会选择的力量。举例来说,如果某项特性的选择优势只有0.01,诺顿算出,此项特性的普遍性会在3000代内从0.8%上升到90%;如果选择优势上升10倍($s = 0.1$),那需要的时间就减少到300代。由于许多物种繁殖一代仅需一年,甚至更短,以上数字使许多生物学家印象深刻。接着,更多数学算法出现,特别是霍尔丹(J. B. S. Haldane)、费希尔(R. A. Fisher),以及赖特(Sewall Wright)等人所发展出的一套公式,它能增进我们对进化、选择和时间在各种不同的条件之下彼此关系的了解。

我已经描述过某些性状的频率变化,但是自然选择的复利力量也可以应用到性状本身的变化率上。现在来看看外形大小这类性状吧,如某一植物的高度或某种动物的长度,我们知道任何野生生物的种群都会有这方面的差异。假设每个世代身高较高或体长较长的个体较具优势,如果每个世代长高或长长的比例是0.2%,也就是说,以1米高的植物或1米长的动物来看,就是2毫米,这个微小的差距在一代一代之间很难察觉,但是只要经过200代的繁衍,它们的高度或长度将会增加50%。

这些运算表现出自然选择的潜在力量和速度。那么,我们知道现实中的进化力量吗？

野生状态下的自然选择

与野外观测相比，数学公式更能让人看到自然选择的力量。除了条件控制的困难之外，还有两个主要的因素让选择的力量难以测度。第一个因素是时间。如果变化所需的时间太长，让博物学家或研究者没有记录的机会，那可真是不幸。第二个因素是统计所需的个体数量。样本数一定要非常大，才能测知微小的选择优势或劣势。

后者也是概率和统计学上的事实。如果同一物种中，两种特性的相对适合度差异极小，那么研究者就必须花上许多时间收集大量的个体，才能避免取样误差产生的随机影响。这可以用一个简单的例子说明。

假设要测试在某种动物中一种体色比另外一种更具优势，需要多少只这种动物，才能排除可预期的偏差？如果这种动物的数量充足，例如是一种我们可以捕获、计算的鱼，那么概率论告诉我们，用于计算的样本越多，我们就会越接近该种群中各个种类的鱼的确切数量。要达到95%的正确率（也就是说在某个范围内，100次里有95次是正确的），我们需要多少条鱼呢？如同下面的数据所显示，样本数越大，误差幅度就越小。

样本数	误差幅度（%）
100	± 9.8
400	± 4.9
1000	± 3.1
10 000	± 1.0

如果我们的样本只有100条鱼，我们的估计会有10%的误差幅度。要察觉细微的差异，可不能有那么大的误差（民意调查也同样面对样本

过小的问题,所以有时候他们预测的选举结果会出错)。

在野外环境中监测微小的选择差异所面临的挑战,是某些案例中强大而迅速的选择力量,最广为人知的例子是桦尺蠖(一种蛾)的黑化。在工业革命初期,英国和北美的污染改变了当地桦尺蠖栖息树木的颜色和树上地衣的生长情况,这些地区深色蛾的数量急速上升,浅色蛾的数量则急剧下滑。在1848—1896年,只不过50年的时间,某些地方深色蛾的比例上升到98%。霍尔丹根据此段时期所做的调查结果估算,深色树干上浅色蛾的选择系数是-0.2,20%的选择劣势乍看之下并不大,但是在历经一季又一季的重复累积之后,种群数量锐减的速度非常快。在20世纪下半叶,由于制定了清洁空气的法律法规,选择压力发生了逆转,关于深色蛾的数量锐减有一些出色的文献记录,在有些地区深色蛾甚至从90%以上减少到10%以下(图2.2)。

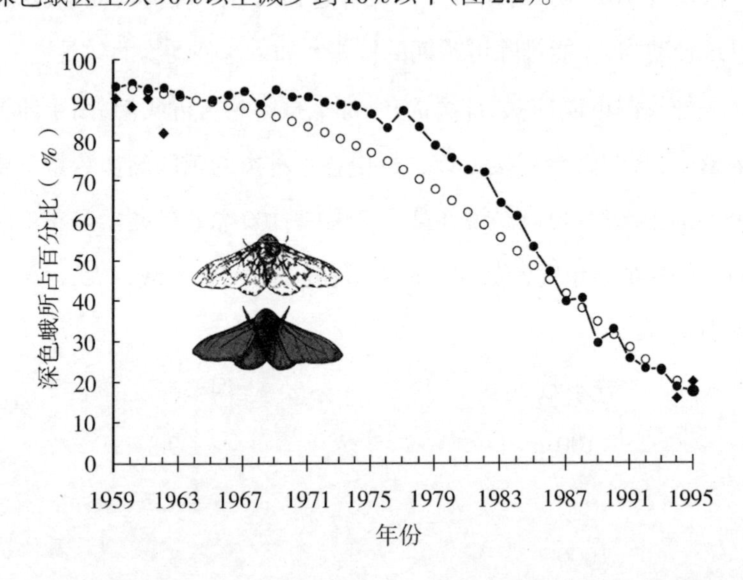

图2.2　在空气质量改善后,深色蛾数量下降。选择的条件改变之后,在美国(实心方块)和英国(实心圆),深色蛾的数量都呈现稳定的下降。空心圆代表在选择系数为-0.15状况下的预期值。[资料来源:B. S. Grant et al. (1996), *Journal of Heredity*, 87:3551。]

自然选择作用在桦尺蠖身上的媒介是鸟类，这也是让野外环境中的自然选择变得难以调查的变数之一。我们不仅需要足够多的蛾，可能的话，我们也得了解选择媒介的作用。如果捕食者不止一种，条件随栖息地和时段而更改，情况会变得很复杂。在桦尺蠖的案例中，两种颜色的蛾数量大起大落，在大西洋两岸都有类似的情况，同时与工业发展有关。毋庸置疑，这是一个自然选择在颜色方面起作用的例子。

桦尺蠖的故事只是一个例子，自然选择对动物体表色彩的作用也在蜗牛、瓢虫、沙鼠，还有其他物种身上发现，这些物种具有已被辨识的、明确或可能的选择作用因子。在某些物种身上，特定色彩的选择系数相当高（0.01—0.5）。

我们得知道，要在野外环境中研究自然选择的作用，长期作战是必须的，而从事这种研究需要英雄式的奉献精神，以及持续的财务援助，若再能得到大自然的配合，真是三生有幸。而进行野外生物学研究的人，血液中就流淌着某些经过选择的、特殊而稀有的特质。

最近有一份长达7年的实地考察研究，内容是游隼猎食野鸽的行为。这项研究证明，要了解野外环境中的选择作用，耐心和韧性是多么必要。加利福尼亚州戴维斯的野鸽是游隼的最爱，它们有6种不同的羽毛花色，其中一种是灰蓝色的，从尾羽基部到下背还有一圈白色的腰羽（图2.3）。由哈佛大学的帕勒罗尼（Albert Palleroni）带领的团队，巨细靡遗地观察了游隼和野鸽之间的空战，在这7年间，他们记录了5只成年游隼对野鸽展开的1485次攻击（图2.4）。科学家们想找出在野鸽羽毛颜色和游隼攻击成功率之间的关联，为此，他们在5235只野鸽身上套上脚环以记录数据——这个样本数够大了。

研究者们发现，游隼攻击白腰羽野鸽的频率比其他野鸽要低得多，当它们想抓这种野鸽时，往往会失败。白腰羽野鸽占该区域野鸽数量的20%,但在所有被游隼猎捕的野鸽里,它们只占了2%。

帕勒罗尼和他的同事发现,戴维斯的野鸽在空中面对攻击时能靠难以捉摸的滑翔脱逃。当游隼以300千米以上的时速俯冲而下,野鸽会倾斜一只翅膀,滑离游隼的攻击路线。而白腰羽能让脱逃成功率增加。生物学家认为,这些白色的羽毛能让游隼在攻击时分心,从而使野鸽获得一瞬时机以躲避攻击。

为了进一步验证他们的理论,研究人员**交换**756只白腰羽野鸽和蓝色条纹野鸽的羽毛形态(用乳胶把腰羽固定上去),把这些野鸽放掉,并记录它们在遭遇攻击时的结果。情况大大地改变了:原先有白色腰羽的野鸽因羽毛形态改变,被猎捕的概率升高至和其他野鸽一样,而蓝色条纹野鸽则因为移植上白色腰羽而保住了小命。

结束这段令人称奇的研究之后,研究者们发现,白腰羽野鸽与其他野鸽相比,其数量稳定上升。这些野鸽正在自然选择的力量下进化。

图2.3 野鸽尾羽颜色变异。在野鸽种群中,有些野鸽有白色的腰羽(左),当它们遭游隼攻击时,能为它们带来生存优势。(洁米·卡罗尔绘)

图2.4 追逐战。游隼瞄准目标,以每小时240千米的速度俯冲。照片中,野鸽有危险了。[照片由帕尔默(Rob Palmer)摄,帕勒罗尼提供]

针对野外环境中自然选择的研究的范围,已经扩展到比动物体表颜色还要复杂的领域里,三刺鱼就是一个很好的例子。根据地质记录,我们得知上一次冰期结束时,冰河渐渐消退,入侵湖泊和河流的海洋三刺鱼被留下来,这些原先居住在海水中的祖先鱼接着分化出淡水种。海水种的三刺鱼多半有着从头延伸到尾、约30片的一排骨板;而许多淡水种的骨板数量则减少到0—9片,它们骨板减少的选择优势可能是在湖里或溪流里游动时会更加灵活。

三刺鱼的进化在现今仍然得以持续观察。在美国阿拉斯加的洛贝湖里,海水种的三刺鱼在1982年淡水种灭绝之际移居至该处,1990—2001年的规律采样显示,海水种三刺鱼的占有率由100%下降到11%,同时一种低骨板数的三刺鱼数量则上升至75%,此外还出现好几种外形介于两者之间的三刺鱼(图2.5)。洛贝湖的进化记录证实,这些鱼类在几十年间就适应了淡水的环境,由于三刺鱼在新环境中的进化速度

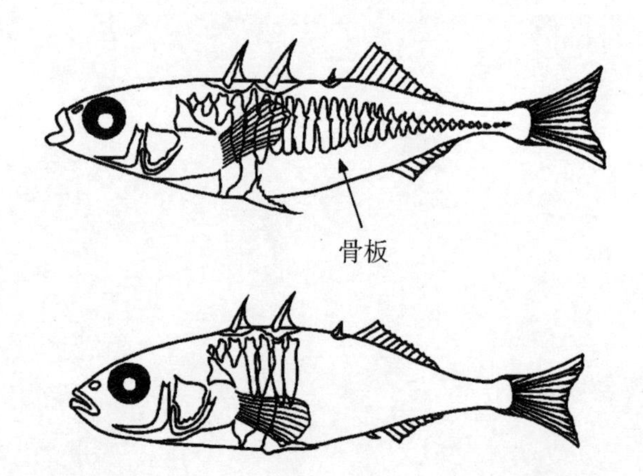

图2.5　三刺鱼骨板的快速进化。北美洲北方湖泊中的海洋种三刺鱼，已经借缩减它们骨骼中骨板的数量与大小，适应了新的环境。图中为三刺鱼部分鱼体骨骼。［图片来源：M. A. Bell et al. (2004), *Evolution*, 58:814。］

很快，它们是研究进化的绝佳范例，我会在第八章中再度提到它们。

这几个实例展示了进化的快速，以及选择作用于已存在于种群中的变异时的力量。但是这些变异来自何处？如果有用的变异没有出现，会发生什么事？一个种群要"等"多久才能等到新的变异出现？

突变乐透彩：我们都是突变种

所有品种都来自突变。这句话有许多言外之意，其中有些与对突变的两个普遍误解有关，我马上就来为大家解惑。第一个误解是：所有的突变都是不好的，因此一定具有毁灭性，而非创造性。冰鱼的例子可以证实这个想法是完全错误的，我们将会发现有用突变的发生率比乐透彩的中奖率还高。第二个误解是：如果突变是随机发生的（这倒没错），那么这种随机事件不可能说明生命的复杂程度和秩序。这个误解源于无法区别突变和选择。突变的过程是盲目的，选择却不然；突变带来的是随机的变化，选择则分出孰胜孰败。再者，自然选择的作用是渐进累积的，罗马和罗马人都不是一天造就的，南极海域水温下降和冰鱼的进化都不是发生在一瞬间。进化雕塑出冰鱼、人类与世间万物，它所花费的时间可是数百、数千乃至数百万个世代。新的突变添加并结合在已具功能且运作自如的生物身上，它们不必也不需要一下就发展出复杂的功能。

为了体会突变的创造力，我们得知道哪种突变可能发生，以及突变在DNA上实际发生的频率。50年来的研究让我们更了解DNA的动态变化，我将提供一个简短的解释，以说明突变改造DNA的几类方式。

为了繁殖，生物体必须复制DNA，而复制DNA是一段复杂的生物化学过程，其中可能会出错，如果错误没有被及时改正，就会产生突变。突变有很多类型，如果我们把DNA想成一篇文章，那突变就是各式各样的输入错误。已知物种的DNA是由A、C、G、T四个字母代表的核苷酸构成的序列，序列长度依物种不同在数千万到几十亿字母间变化。最常见的错误是键入不正确的字母——打字错误。不过还有很多其他可能会发生的事件，如删除或插入整段文字。复制、粘贴也有可能出错，这会造成文章内容的重复，从几个字母到整组基因，甚至是许多段基因都经常会被重复写入（重复的基因序列会轻易扩写DNA的内容，我们将在第四章中看到这种突变对新功能的产生是多么重要）。一整组DNA也有可能被重新组合——被反转或其中部分内容被打散与结合。因此，在每个新的个体身上，或多或少都会有新的突变。

有许多物种的突变率已经被仔细研究过。在人类机体70亿个DNA字母里，大约有175种新的突变，如同生物学家勒鲁瓦（Armand Leroi）所言："我们都是突变种。"

等等！怎么可能？你或许会这样问。突变不都是**不好**的吗？的确,有些突变不好,但并非全部都如此。一般来说,我们不会出什么问题,因为这175种突变可能:(1)产生在没有携带任何有意义信息的DNA上;(2)产生在某个基因内部或很接近某个基因,但不改变该基因的作用;(3)使基因出了问题,但许多基因都有两个独立的拷贝,其中一个出了问题,另一个仍能弥补缺陷;(4)影响某个基因,但产生的变异在容许范围内。这些变化使我们在身高、体型、肤色,还有其他物理或化学的特性上,成为独一无二的个体,这也是进化的原材料。

许多现成的数据显示,有用的突变在大自然中相当常见(接下来的几个章节里会有更多关于适应变化的例证),我用一个具体的例子来说明这点。来看看这种野鼠吧,它们有着浅色的毛皮,栖息地是相当稳定的砂地。很久以前,在它们的栖息地上的地质活动造成火山爆发,岩浆遍布。岩浆冷却后形成黑色的岩石地表,这些野鼠的毛色变得和生存环境不符,在深色的岩石上,它们是猫头鹰等捕食者的醒目目标,深色的野鼠会比较适合这种环境。所以我们要知道的是:

◆ 在浅色野鼠群体中,黑色毛皮的突变种要多久才会出现?

◆ 这种突变扩散的速度多快?

第一个问题的答案,是机遇和时间交互作用的产物,其实就和计算乐透彩中奖率一样。第二个问题的答案要看选择和时间的相互影响,我们已经看过这部分的数学运算了。

鼠的突变率研究十分成熟。美国缅因州巴港的杰克逊实验室数十年来一直在培育鼠,并从**好几百万只**鼠身上得出自发突变率的资料。对DNA上的个别字母而言,每10亿个位点就有2个会发生突变(每只鼠约有50亿个位点),每个基因上平均有1000个可能产生突变的位点。把1000个位点乘以十亿分之二,可以得出每50万只鼠身上,会有1只在某个特定基因上发生突变。这个结果显示,DNA的复制过程是如此精确,但并非完美。

我们同时得知,有许多基因,如果经过突变,会让毛色变深。在我们的例子中,我们将焦点放在某个特定基因上,杰克逊实验室已经找出许多这个基因的突变类型,这个基因称作*MC1R*,上面有许多位点只要发生突变,就能让鼠的毛色变深。

为了计算黑化突变发生的频繁程度,我做出以下试算:

突变率	每10^9个位点就有2个
*MC1R*基因上经由突变,能使鼠毛色变黑的位点数量	10
*MC1R*基因的拷贝数	2

把以上数值乘起来看看:10(基因上可能发生突变的位点数)×2(两个拷贝)×0.000 000 002(突变率)=0.000 000 040(10亿只鼠中有40只会发生突变)。这个数据说明,在*MC1R*基因上,大约有两千五百万分之一的概率会产生黑化突变。

只要把鼠的数量和每代时间算进去,这个数值看起来就不会那么微小。多久才会产生突变,也是由种群数量和出生率控制。鼠的数量很多,它们每一代都生下很多幼鼠,在我所举的例子里面,这种鼠在一个区域的种群规模为1万到10万只。要算出黑化突变的发生频率,我们同时也得估测它们的出生率。这种鼠每年可以生2—3胎,每胎有2—5只幼鼠,所以可以合理地算出每只雌鼠一年能生下多少只幼鼠——就算平均5只吧。把雌鼠数量和平均子代数量乘起来,就是每年新增的后代数目。根据保守计算,1万只鼠构成的种群里,有一半是雌鼠,乘上平均5只幼鼠,我们得出每年增加的幼鼠是25 000只,接着再乘上两千五百万分之一的突变率,就得到每1000年会出现1只黑鼠。也就是说,在100万年中,黑化突变会独立发生1000次。每1000

年，这群浅色的老鼠会中1次黑化突变的乐透彩。放一个更大的数值进去，机会更大：10万只鼠，每100年就会发生一次突变。用乐透彩来做比较的话，即使每年买10万张彩票，你也得每750年才会中一次头奖。

回到黑化突变扩散的问题上，只要突变发生，控制它扩散的因子便是选择和时间，关键因子是黑色皮毛这项特性的选择优势，还有有效的种群数量（不是整体数量，而是要把有繁殖能力的个体数量，以及其他因素算进去，以N_e表示）。这项优势越强大，它扩散的速度就越快，但是，如果鼠的数量越多，要把每只鼠都变成黑色就需要越久的时间，计算出这段平均时间（t，在此代表世代）的公式是：

$t = (2/s)\log_e(2N_e)$　　　　$\log_e$是自然对数

以下是在1万只老鼠的种群中，以s代表选择优势系数，得出的t值。注意，每当选择系数上升，这项有利的突变扩散的时间就变短：

$s = 0.001$	$t = 19\,807$世代
$s = 0.01$	$t = 1981$世代
$s = 0.05$	$t = 396$世代
$s = 0.1$	$t = 198$世代
$s = 0.2$	$t = 99$世代

深色鼠在黑色岩石上生存的估计选择系数大于0.01，参考以上的数据可以得知，黑化突变完全扩散的时间是2000代内，也就是2000年内。以上案例显示，即使是微小的突变优势，从地质学的角度来看，只需要一小段时间便足以扩散。

我必须提到几个附加的变量，这样才能更正确反映自然界中的事件和概率。一个重要的附加因素就是黑化突变可能会在扩散之前消失，产生黑化突变的鼠或其后代也许无法存活，或者其后代无法将这项突变遗传下去。突变可能因为机遇或选择的关系而消失。我在此就不将公式列出,但可以告诉大家,在一个大种群中突变扩散的成功率接近选择系数的两倍。在以上的案例中,当s为0.01,突变扩散成功率就为2%;若s变成0.05,成功率就是10%。照此计算,在100万年里,如果突变发生1000多次,就意味着这项突变能够产生并扩散20—100次。

我还没有把动物的迁徙考虑进去。在野外,动物不会待在同一个地方,鼠可以在浅色砂地和深色岩石上来回移动;再者,深色鼠在浅色砂地上处于劣势。迁徙让描述现实状况变得复杂,但不影响以数学运算证实进化的迅速。

同时也要记住,我计算出的是一个砂地鼠种群在等候一种新性状扩散的时间,在真实状况中,鼠、鸽、人类,还有许多物种,身上都带有多种性状差异。看看彩图C,那正是一个了不起的例子——袜带蛇,仅仅一个物种,它们可是有18种色彩变化呢!

我选择鼠毛色的例子是因为它可以凸显突变和选择有足够时间可以发生,也因为这是个现实中的案例。在美国亚利桑那州的皮那卡特沙漠里,古老的黑色熔岩就是小囊鼠的栖息地。在这个地区,鼠有两种毛色,一种是深黑色,另外一种是砂白色。亚利桑那大学的纳赫曼(Michael Nachman)和他的同事证实,砂白色的鼠大多栖息在砂地,而深色鼠都住在黑色岩石地区(图2.6)。他们同时发现,这两种鼠的基因确实不同(第六章会有深入的讨论)。这个例子的威力在于,它由生态学和遗传学来共同显示现实中自然选择如何运作。黑色鼠和砂白色鼠带给我们的重要信息,会在接下来的章节中以各种方式不断强调:突变可能有利,进化的主要限制不是突变的可能性,而是生态上的需求。

图2.6 小囊鼠。黑色种(上)大多栖息在熔岩流地区,浅色种(下)则分布在砂地。[图片来源:S. B. Benson (1933), *University of California Publications in Zoology*, 40:1。]

时间

2004年,许多棒球迷大吃一惊(有些则乐翻了),因为有个暌违86年的事件发生了——我最爱的波士顿红袜队赢得世界职业棒球锦标赛冠军。我们对于时间的看法深受寿命的限制。最终,在**86**年后,球迷们还能重复相同的加油口号——你相信吗？这段时光仿若永恒，其实在进化的大钟上只不过是一声嘀嗒。

就算是延伸我们的想象范围到230年——美国这个国家已经建立了**这么久**。

1000年？黑暗的中世纪。还真让人难以想象。

10 000年？这已经可以将人类文明史整个放进去了。

我的意思是，100万年**够久**了，已经足够让重要的变异产生，让某些基因成为化石，让选择去塑成一项特性。就是在100万年之内我们祖先的脑容量扩充了一倍，这可是进化论上的一大步，不过这个变化至少花了5万代的时间。让冰鱼从温水、红色血液的祖先进化到现今模样，耗费了1500万到2500万年的时光——要改头换面是绰绰有余。真的要去比的话，进化的步调其实要**慢**得多。

我们必须知道，选择和突变天天都在发生，各种环境对栖息的物种产生持续的影响，进化是一个不止息的过程。就像我们不会每日注意孩子成长或草叶生长，气候的变迁和生物圈内的互动也不是在一天内就能看出端倪。但是在经过一大段时间之后，我们会发现，变化已成规律，而不是偶发事件。进化论的日常数学运算令我们明白突变和自然选择在时间累积之下所产生的交互作用和威力。

我们还必须知道，选择只能在当下、在特定环境中起作用。选择不能作用在某个物种不需要或不再使用的功能上，也不能作用在尚不需要的部分。所以，“适者”是一种相对而短暂的状态，而非绝对或永恒的。

DNA记录:凝视进化的脚步

如果一天、一年或一生的时间，都不足以观察到某种性状的变化，那么我们该如何得知优势种是如何产生的呢？事实上，生命的历史和变化多半发生在有记录的人类史之前，那么，我们该如何查明远古发生的事件呢？我们该如何看透时光的迷雾，确定物种和性状进化的历程？

这些问题的答案便是DNA记录。

突变持续冲击DNA所留下的记录对于研究进化论是相当重要的，目前所知的突变率可让生物学家预测我们可能看到的DNA形式。从DNA的水平上看，选择是作用在个体基因形态中有相对优势的那一方。当突变产生时，种群中会出现两种以上的基因形态，这些形态的命运掌握在选择手中。假设有A和B两种形态，如果A形态在生存或繁殖方面比B形态更具优势，那A形态就是有利的，反之亦然。

同时还有第三种重要的可能性，直到基因和蛋白质的序列被解读之后，进化生物学家才认知它。这种可能性就是，如果同一基因变异产生的两种形态都是中性的，不好也不坏，选择就不会产生作用。进化生物学家曾以为，所有分子水平的改变都要经过选择的作用，但已故的木村资生(Motoo Kimura)在20世纪60年代指出，许多分子水平的改变在选择上都是中性的，这就是“中性理论”。中性理论的重要性和威力是：它提供了**在没有外力介入的情况下**，DNA因时间作用，能产生的变化基准。当我们以为是中性的变因脱颖而出时，这是一个重要的信息——告诉我们有选择力量的介入，这个信息提醒我们某些性状受到选择的厚待，其他性状则被遗弃。

在接下来的6个章节里，我将会叙述从DNA记录所看到的物种与性状进化的过程是何其明显。头3章呢，我先证实选择是如何摒除有害的性状(第三章)、独厚有益的性状(第四章)，还有对中性的性状视若无睹(第五章)；我们将会看到，选择的作用(或无所作为)如何在DNA上刻下印迹。我将从我们所知的最古老的基因开始，那可是一连串可以回溯到30多亿年前、最早的细胞生物问世之时的DNA记录。

第三章

不朽的基因:永世不变的原地踏步

毫无疑问,万事万物在改变,但在这些改变背后,有些事物是永恒的。

——歌德(Johann Wolfgang von Goethe)

▲
极限环境中的生命。黄石国家公园里的西三联间歇泉是许多地热现象之一,很多生物在这种高温环境中蓬勃生长。(洁米·卡罗尔摄)

他的本意其实不是寻找一个新的生物界。

1966年夏末的某一天,微生物学家布罗克(Tom Brock)和他的学生弗里兹(Hudson Freeze)正在黄石国家公园的间歇泉和温泉边徘徊,想找找看有什么微生物生长在这些池子周围。几眼泉周边的橙色菌落将他们吸引了过去,好几个温泉流出的水也被染黄了。

蕈状泉是下间歇泉盆地的一个大池子,水源温度高达73℃,这在当时被认为是生物能忍受的最高温度。他们在此处收集到一些微生物样本,并从中分离出一种新的菌,那是一种可以在热水中蓬勃生长的物种。事实上,最适合这种菌生长的温度大约就是这个温泉的温度,他们将这种"嗜热性"生物命名为水生栖热菌(*Thermus aquaticus*)。布罗克也注意到,有些更热的泉水附近,存在一些粉红色的丝状物,这让他心生疑窦,猜测有生物能在温度更高的环境中生存。

翌年,布罗克尝试用一种新的方法,来"钓"黄石国家公园温泉里的微生物。他的方法很简单:把一两片显微镜的载玻片绑在长线的一端,将其浸入池中,线的另一端绑在树干或岩石上(请不要模仿——你可能会遭拘留、被烫伤,甚至更惨)。几天后,他收回载玻片,发现上面有丰富的样本,有些甚至在载玻片上形成一层膜。布罗克的推测是正确的,确实有生物能在超过原先所预想的高温中生存,但是他没有预料到它们能在**沸水**中生存。它们不仅能忍受100℃以上的高温,甚至能在公园中泥火山区域、浓烟滚滚、沸腾的酸性"硫黄池"中生存。布罗克在黄石公园的发现,让人对生物的超凡适应力大开眼界。他鉴定出一些稀奇古怪但又重要的新物种,如硫化叶菌属(*Sulfolobus*)和热原体属(*Thermoplasma*),同时开启他称之为"超嗜热菌"这门科学的研究。

布罗克对超嗜热菌的探索,不久之后就带出另外3项对生物学有深远影响的发现。当时,他把这些新物种归入"细菌"。在显微镜下,它们确实和普通细菌很像(图3.1),但10年后,伊利诺伊大学的乌斯(Carl Woese)和福克斯(George Fox)发现,多种亲硫、亲甲烷和亲盐的菌形成了一个完整的生物域。它们和细菌不同,正如细菌与真核生物(动物、植物、真菌和原生生物都是属于这类)不同。这个新的第三生物域,或者说生命类别,现在被称为古细菌域(Archaea)。

图3.1 来自温泉的微生物样本。这个电子显微镜下的画面是黄石国家公园黑曜岩池里的多种微生物。[图片来源:P. Hogenholtz et al. (1998), *Journal of Bacteriology*, 180:366。]

来自布罗克研究的第二项发现,相当具有实际价值。从水生栖热菌体内分离出的一种热稳定酶,可以在高温环境中复制DNA,这种酶为基因研究带来一项有效、快速的新技术,这项技术促使我们能从自然界得到大量、多样的DNA信息,同时在DNA医学诊断和法医鉴定方面创造了好几亿美元的商机。

第三项,同时也是最新的一个发现,来自对古细菌基因组的研究。将古细菌基因仔细检验分析后,我们得到关于20亿年前,真核生物祖先是如何进化而成的关键线索。这些原始生物的DNA,保存着许多目前在人类和其他真核生物体内仍存在的DNA编码。这些共同的DNA内容就是真核生物诞生的轨迹,同时也证明了古细菌是我们原始基因的来源之一。

在本章里,我们将会检视这些地球上最古老的DNA。这些卓越的DNA承受了亿万年时光的冲击,一次又一次撑过可能将之抹除的突变。同时,这些“不朽的基因”蕴藏着进化过程中两项关键因素的证据:一个是在“自然选择”的压力下,如何保存DNA记录;另一个是从“共同祖先”所承接的遗传记录。

不朽基因揭示了自然选择的一个很重要、但似乎不为人知的方面。许多人的注意力被导向自然选择的创造性层面和新性状的进化上,其实这些只不过是进化过程的一部分。自然选择同时能让达尔文所谓的“不良性状”消失。我将解释自然选择移除有害突变的效果,是如何明显呈现在物种的DNA记录上的,这些记录以数百种基因的形式,跨越生物分界,保存了超过20亿年。我们从这些不朽基因上所发现的进化脚步,看起来像是“原地踏步”,因为基因的改变仅限于自然选择设定的狭窄范围。

这些能撑过各种地质变化的基因,为自然选择的保存性力量提供了无可挑剔的证据,它们是生物由远古祖先进化而来的历史证据,是一种达尔文想都想不到的新证据。我将会证明,这些不朽基因强大的谱系记录,反映出各个界域之间的亲缘关系,并帮助我们回溯、重建生物史上无法从化石记录上得知的事件。

解读DNA密码

我们若将已测序出的庞大DNA序列写成书,那是可以分成4万卷,每卷有百万字的巨作。有些物种,比如人类,需要一整套300卷的百科全书才能写尽;细菌的话,3—4卷就够了。无论我们翻开哪一卷,乍看之下都很相似,比如:

ACGGCTATGGGCTACCAAGGGCTACCAACTACCAAAGTT
ACGGCTAATCGACATAATTGGCTACCAAGACATAACCTGGCT
ACCAATTACTATGGACGGCCTACGGCGTCCGCTAATCGACAT
AACCTTTACTATGGCTACCAAAGTGACATAACCTTTACTCA
TAACCTGGCTACCAACCAAGGGCTACCAACTACCAAAATTA
CTATGGGACATTAATCGACATAACCTTTACTAACCTGGCTA
CCAATTACTATGGACGGCCAATCG

这样延伸好几百页。

这么单调、只以4个字母谱成的内容,怎能建构出复杂的生物呢?还有,我们要如何解读这些恼人的东西呢?

要知道DNA语言的意义,我们得先学习如何阅读基因组、基因,还有DNA密码。接着,我们可以在各种水平上比较物种的差异,从亲缘关系很近的物种,到生命史上早就分道扬镳的物种。一旦**理解**了我们所找出的**异与同的意义**,进化的线索就会从中浮现。

为了破译存在于DNA记录中的生命史,我们必须掌握DNA语言,同时了解生物体内的DNA信息是如何解读的。别被吓倒了——你一定可以学习DNA语言,它使用的字母很少,词汇也很有限,语法规则更是简单。学习DNA语言的效益就是,你可以从最基础的层面看穿进化过程,进而对它更加了解。我知道新的词汇总是让人头昏眼花,所以你或许可以在这部分做个记号,以便日后查询。

开始啰!

蛋白质(protein)是生物体内负责所有工作的分子——从携带氧、建构组织,到复制下一代DNA。每个物种的DNA都承载着建构蛋白质的工作指令(以密码的形式)。

DNA是由4种不同的**碱基**(base)排成两列构成,这些化学分子由4个字母表示:A、T、G、C。DNA的双链结构由较强的化学键所束缚,两组碱基面对面摆着——A总是和T配对,C总是和G配对——就像这样:

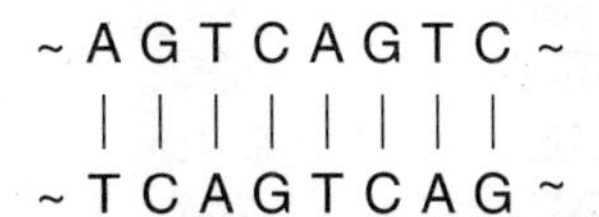

所以,只要知道其中一股单链的内容,我们就可以马上配出另外一股单链的序列。碱基的独特排列方式(例如,ACGTTCGATAA)能形成独特的工作指令,去建构每一种蛋白质。关于DNA,最让人惊奇的事实是,所有的生命现象都是由这4个碱基排列组合而来的,所以如果想了解生命的多样性,我们就要破译DNA密码。

蛋白质是如何形成,它们又是如何得知自身的职责的呢?蛋白质是由被称为**氨基酸**(amino acid)的分子构成,每个氨基酸的代表密码都是3个碱基的组合,被称为一个**三联体**(如ACT、GAA)。长约400个氨基酸的链状结构表现出的化学特性,决定每个蛋白质的独特功能。为各个蛋白质指定遗传密码的DNA链就被称为**基因**(gene)。

40年前,生物学家已经破译了遗传密码,所以DNA序列和每个蛋白质独特的序列之间的关系已经被人们所了解。合成蛋白质的DNA解码有两个步骤:首先,其中一股DNA链的碱基的序列被**转录**(transcribe)成单独一股核糖核酸(RNA)链,称为信使RNA(mRNA);接着,

mRNA被**翻译**(translated)为构成该蛋白质的氨基酸。在细胞里,遗传密码一次以3个碱基为单位被读取(从mRNA转录本上读取),因此每个氨基酸由一个三联体决定(简单的范式可见图3.2)。

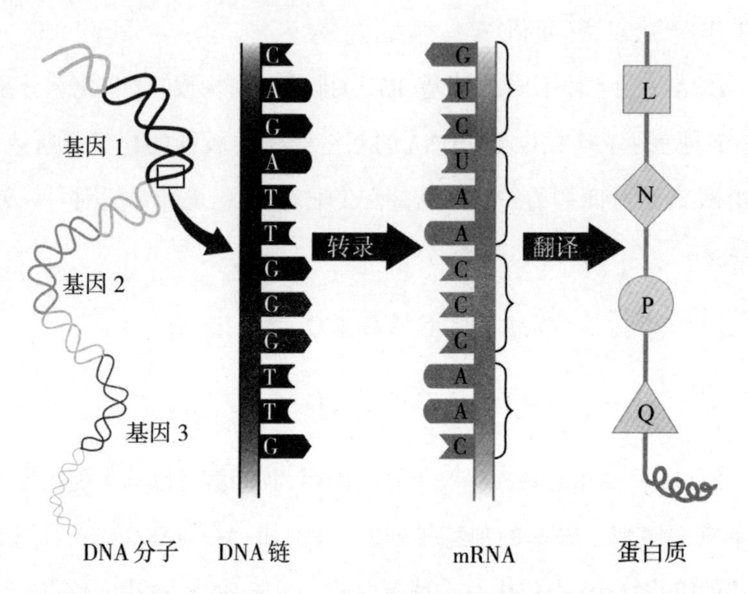

图3.2　解读DNA信息。这是将DNA密码解读为有功能的蛋白质的步骤概要。左方,一长列的DNA分子上带有许多基因,要将一个基因解读出来,有两个步骤:首先,单股DNA链被转录成mRNA,接着mRNA被翻译成蛋白质,每3个碱基编码蛋白质中的1个氨基酸(图中L、N、P和Q,分别表示亮氨酸、天冬酰胺、脯氨酸和谷氨酰胺)。在mRNA中,碱基U取代了DNA中的碱基T。(奥尔兹制图)

在DNA中,A、C、G、T组合成三联体的方式有64种,但氨基酸只有20种,某些三联体重复编码某些氨基酸,还有3个三联体仅是标出mRNA翻译和制造蛋白质的终止处,就像是句末的句号一般。编码各个氨基酸的三联密码子,以及氨基酸英文简写可见附录。这样编码氨基酸的方式对我们来说很方便,对进化则有很深远的意义,因为,除了少数无关紧要的例外,每种物种的编码方式都**相同**(这也是为什么细菌可以用于生产药用人类蛋白质,如胰岛素)。

所以,只要取得一段DNA序列,就很容易破译这段DNA所代表的蛋白质序列。然而,并不是每一个DNA上的碱基都是蛋白质的信息。事实上,有一大部分DNA是“非编码”(noncoding)的。生物学家取得一大串DNA后的第一个挑战,就是找出有意义的信息的起始和终止之处。幸好现在基因组序列数据都已经输入计算机,运用计算机算法,可以轻易在DNA的数据大海中,捞到我们想找的“序列之针”。

基因的编码序列平均长度大约是1200对碱基。有些物种——特别是细菌或酵母之类的微生物——的基因密度极高,数千个基因中,留给非编码DNA的空间不大。人类及其他复杂的物种,基因只占了DNA很小的一部分,并被冗长的非编码DNA分隔开。有些非编码DNA可以控制基因的使用方式,但大部分还是像“垃圾”一样。这些垃圾是多种机制累积的结果,多半包含一长串重复、无意义的内容。除非它们是有害的,否则不会被清除掉。我大致上会忽略这些垃圾序列,但它们还是值得一提,这样才能更具体地了解人类基因组的结构:就像岛屿(基因)被广阔的大海(垃圾DNA)分隔开一般。

基因的命运:不朽的核心

当科学家观察整个基因组时,他们的第一个目标就是将整个DNA序列中的所有基因标记出来,这样他们可以取得一份该物种基因的详细记录,其中包括基因的总数和许多单个基因的资料。因为生物学家已经研究许多物种的基因和蛋白质很长一段时间,所以我们可以依据既有的基因和蛋白质的功能及相似度,来将新物种的基因和蛋白质分门别类。

最令人关注的是,在比较生物三大门类的基因组时,虽然三者之间及各自内部的物种在基因的数量和种类上的差异都很大,但生物的复杂度和基因数量不一定成正比。就如表3.1所示,大部分细菌的基因平均数量是3000个,独立生存物种的基因组最少也有约1600个基因。然而,即使同样是由3000个基因组成,任何两种细菌的体型大小可能会不同。动物大约拥有13 000—25 000个基因,有些动物彼此之间的基因数差距数以千计。要注意的是,像果蝇这类复杂的生物,基因数比单细胞的酿酒酵母只多约一倍。人类的基因数也不过是果蝇的两倍,和老鼠的基因数差不了多少。

表3.1　基因组中的基因数

物种	基因数
细菌	
超嗜热菌(*Aquifex aeolicus*)	1560
脑膜炎奈瑟菌(*Neisseria meningitidis*)	2079
霍乱弧菌(*Vibrio cholerae*)	3463
金黄色葡萄球菌(*Staphylococcus aureus*)	2625
大肠埃希菌*K12*(*Escherichia coli K12*)	4279
伤寒沙门杆菌(*Salmonella typhi*)	4553
古细菌	
硫黄矿硫化叶菌(*Sulfolobus solfataricus*)	2977
詹氏甲烷球菌(*Methanocaldococcus jannaschii*)	1758
嗜盐杆菌(*Halobacterium sp.*)	2622
真核生物	
酿酒酵母(*Saccharomyces cerevisiae*)	6338
黑腹果蝇(*Drosophila melanogaster*)	13 468
秀丽隐杆线虫(*Caenorhabditis elegans*)	20 275
墨绿凹鼻鲀(*Tetraodon nigroviridis*)	20 000—25 000
小家鼠(*Mus musculus*)	20 000—25 000
智人(*Homo sapiens*)	20 000—25 000
拟南芥(*Arabidopsis thaliana*)	25 749

然而,基因数量只是一个直观的数据,直接比较个别基因的命运,可以发现更多进化的线索。不同的基因数让我们知道,某些基因只出现在某些物种身上,在其他物种身上并不存在。在讨论一些特定的比

较之前,我们有必要先想想,比较不同类群的物种基因,可能会发现什么。不同物种的基因应该有多么相似或多么不同呢?

20世纪中期,在能够破译DNA序列之前,有些伟大的进化生物学家曾思考过这个问题。他们知道一点关于突变的知识,并得出以下结论:在经过漫长岁月后,突变最终会改变基因组中的每一对碱基。举例来说,每1代在1亿对碱基里,会产生1个突变,经过1亿代之后,平均而论,基因的大多数位点都会被突变至少1次。已知微生物一个世代仅有几个小时,植物和小动物一个世代约1年,可以预期的是,如果两个物种在1亿年前就已分道扬镳,它们之间基因的相似度应该很低。在1963年出版的《动物的物种和进化》(*Animal Species and Evolution*)一书中,伟大的生物学家迈尔(Ernst Mayr)指出:"经过对许多基因生理学方面的研究,很明显,要找出同源基因(homologous gene)[不同物种身上的相同基因],只能从亲缘关系相近的物种着手,否则只会白费功夫。"

但是在比较不同种类的细菌或动物(它们的祖先在1亿多年前就已经各奔前程)的基因后,我们可以在它们的基因中发现相当高的相似度。比如说,身负恶名的河豚,与蠢到会去吃它们的饕客(即人类)之间,至少有7350个相同的基因,而这些基因所构成的蛋白质,平均有61%是完全一样的。由于鱼类和其他脊椎动物(包括人类)的进化路线早在4.5亿年前就已经分开,突变又可以简单地随着时间推移而累积,这样大规模的相似度实在远远超过我们的预期。

更让人震惊的是,比较过古细菌、细菌、真菌、植物和动物的基因组后,我们发现大约有500个基因共同存在于各界域的生物体内。根据化石记录,我们知道真核生物至少有18亿年的历史,古细菌和细菌则超过20亿年。这些生物的共同基因抵挡了长达20亿年的突变冲击,即使是这些物种之间有重大的差异,这些基因的序列和意义也未曾发生重大的改变——这些基因是**不朽**的(immortal)。

所有不朽基因的功能都集中在细胞的生存所需与共有的执行程序上,如解读DNA和RNA、制造蛋白质等。在地球历史之初,自从有了复杂的DNA,各种形式的生物都依靠这些基因活下去。这些基因度过漫漫时光,即便未来继续进化,生物还是得依靠这套核心基因生存。

不朽基因得以幸存,不是因为它们避过突变——它们和其他基因一样,都有可能遭受突变攻击。它们整体来说没有改变,但并不是每个碱基都没有变动,这一点可以从DNA序列,还有它们编码的蛋白质序列中更详细地检阅出来,这也是选择过程的一个关键证明。

原地踏步:固执的自然选择

经过详细检验之后我们发现,不同物种的不朽基因能构成相当类似的蛋白质,但是组成相同基因的碱基序列相似度没有那么高,这项差异源于遗传密码的"冗余"现象,即让不同的三联体可以组成相同的氨基酸。遗传密码的这个特性隔绝了对DNA有伤害的突变:突变可以改变DNA的碱基,但不一定会改变其编码的蛋白质的序列。这种不改变三联体"意义"的改变称为同义突变,因为突变的三联体和原先的三联体意义相同,代表着同样的氨基酸。至于改变三联体意义、造成蛋白质中的氨基酸被替换的突变,则称为非同义突变。

要算出一个突变是同义还是非同义很简单。碱基三联体共有64种可能的组合,每个碱基有3种可能的变更方式,这样每组三联体就有9种可能的突变。接着把64个三联体乘上9,这样得出576个可能的随机碱基突变。参照遗传密码表(见附录表1)会发现,这576种可能的突变中有135种(约23%)是同义突变,剩下77%是非同义突变。从这些计算能做出的推测是,如果**没有自然选择的介入**,基因序列上的非同义突变和同义突变的预期比例大约是3:1(77:23)。

然而,在自然界中,这个比例大约是1:3,**比我们预期的比例要低一个数量级**。很明显,只有一小部分非同义突变能被保存下来。是什么造成低于预期的非同义突变率呢?

自然选择!再没有别的原因了。这种比例上的偏颇很明显是一种选择的作用,名为纯化选择,它能驱除危及功能的突变,使组成蛋白质的氨基酸序列保持“纯净”。

我们可以在大部分的基因序列中发现纯化选择的标记,不过,保留在跨生物域共通的不朽基因最令人印象深刻。举例来说,许多蛋白质涉及制造解码mRNA机制的关键部分,它们就存在于所有物种身上。从这些蛋白质中挑一个出来,检视特定的部分(为了简便起见,每个氨基酸都用一个字母表示,参见附录表2),你会发现,经过了20多亿年,在细菌、古细菌、真菌、植物和动物身上,该蛋白质的这个特定部分依旧极为相似(图3.3)。注意其中有14个氨基酸在历经进化之后,被完全保存下来,这14个字母(氨基酸)很明显就是不朽的。

人类	DAPGHRDFIKNMITGTSQADCAVLIV
番茄	DAPGHRDFIKNMITGTSQADCAVLII
酵母	DAPGHRDFIKNMITGTSQADCAILII
古细菌	DAPGHRDFVKNMITGASQADAAILVV
细菌	DCPGHADYVKNMITGAAQMDGAILVV
“不朽字母”	D-PGH-D--KNMITG--Q-D---L--

图3.3 不朽基因。有一小段蛋白质序列能在各个域的生物身上找到(称为延伸因子-1α)。套上灰底色的几个氨基酸,30亿年来都没有变过。(洁米·卡罗尔制图)

如果比较各个物种编码这个蛋白质的DNA序列,我们会发现它们的相似度比起蛋白质序列要低一些。举例来说,拿人类和番茄的这部分基因相比，全部78个碱基里，有65个完全相同（相似度83%）；而在它们所编码的蛋白质里，26个氨基酸就有25个是一模一样的（相似度96%）。造成这部分蛋白质序列的相似度高于DNA序列的原因是，DNA序列发生了12个同义突变，而这些突变是被允许累积下来的。

纯化选择的基因进化形式是一种"原地踏步"，也就是说，碱基可能有所改变，但它们翻译出的意思不变。以三联体TTA为例，在一个基因的DNA序列中，它编码称为亮氨酸的氨基酸，这个三联体能够变化出两种不同的排列方式，而且依旧可以编码亮氨酸。经过突变的三联体会有更多种排列方式，但是都能编码亮氨酸：

原始三联体　　TTA→亮氨酸

突变三联体　　TTG→亮氨酸
CTA→亮氨酸

双突变三联体　　CTT→亮氨酸
CTC→亮氨酸
CTG→亮氨酸

大部分氨基酸可由至少2个不同的三联体编码，有几个氨基酸则由3个以上（亮氨酸是6个）的三联体编码。所以DNA序列中的三联体是可以"变动"的（由一个序列变为另一个序列），但是选择会注意不让它们变化太大，以免改变蛋白质的序列和功能。

为了防止蛋白质序列产生改变，选择会特别注意字母有变动的序列，如果这个变异和其他蛋白质比起来表现不佳，纵使只有0.001的劣势，选择也会将这个变异从大规模的种群里抹除，就像是我们在前一章看到的代数公式一样。这个抹除的力量相当强大，以至于几乎所有物种的某个蛋白质的个别字母可以维持不变。**几十亿年来，蛋白质序列**

内的不朽字母在数不尽的生物个体和数百万物种身上,经历一次又一次的突变,选择也一次又一次将这些突变抹除。

在图3.3列出的蛋白质序列中,我们看到,这个蛋白质里的许多氨基酸受到重重限制,在不同物种中,只有少数位置的氨基酸被容许产生变化,而被容许的同义突变发生率比非同义突变要高。虽然我仅用了一个基因来展示这种关系,但我也可以挑出上千个基因,包括那500多个不朽基因,或者任何生物种群里的其他基因来当作例子。这种在大部分位置强有力地保存蛋白质序列的模式,伴随在相对应的DNA序列中发生的同义进化,以及对蛋白质变化设下的限制,是DNA记录里的主要进化模式。

不同的DNA序列可以编码相同的蛋白质,这证实了自然选择准许突变存在,但不容许蛋白质功能被改变,并进一步将可能改变蛋白质功能的突变移除。在不同的物种间长期保存某些基因,这正是自然选择一个侧面的明证,套用达尔文的说法,就是"严格消灭有害变异"。

物种的基因组进化不只留下自然选择的轨迹,在DNA记录中,可以看到比一个特定基因发展史还要多的信息——关于拥有这个基因的物种、关于同样拥有此基因的祖先物种,甚至可以回溯亿万年前的生命史。幸亏自然选择具保存能力,否则所有信息早该随着时光而湮灭了。基因组中携带的就是生命史的记录。这份丰富的数据为我们提供远古时代的独特见识,这是无法从其他渠道取得的信息。我将以一个与我们所属的域——真核生物域有关的进化故事来结束这一章,故事中包括古细菌和细菌对我们祖先的贡献。

真核生物的塑成:两种迥异血缘的结合?

虽然我无法活着看到那个时刻,但我相信,总有一天我们可以描绘出各个生物界的清晰真实的进化树。

——达尔文致赫胥黎,1857年9月26日

在达尔文之后,我们对自然的结构有了更进一步的了解。在达尔文的时代,生物只被分为植物界和动物界,这个二元分类系统早在亚里士多德(Aristotle)时期就已确立,接着在1735年由林奈(Carl von Linné)系统化。1866年,海克尔(Ernst Haeckel)凭借着他对原生生物不凡的研究,在生物谱系上添加了第三界——原生生物界。细菌和真菌直到20世纪才被独立出来,成为原核生物界和真菌界。

在这种五界的架构之内,又开发出一种凌驾其上的分类法,其基础建筑在不同生物界细胞形态的根本差异上。1938年,法国生物学家沙东(Edouard Chatton)以细胞核存在与否为依据,提出"原核生物"(prokaryote)和"真核生物"(eukaryote)两个名词。这两个"超界"曾经涵盖一切已知的生物,直到乌斯着手研究布罗克在黄石国家公园里找到的物种。

乌斯认为细菌界的分类一片混乱,需要用更客观的方式来决定物种间的进化亲缘,而不是用外表或生理特征来分类,于是他转向分子水平的研究。用DNA、RNA和蛋白质序列来建构物种谱系的可能性,在物种之间共通蛋白质的异同点被发掘后,受到许多科学家的肯定,如克里克(Francis Crick)、朱克坎德尔(Emile Zuckerkandl),还有鲍林(Linus Pauling)。原则很简单:DNA、RNA和蛋白质序列在某些物种间有差异,但如果从更低的分类层级来看,有些物种的DNA、RNA和蛋白质序列又有相同之处,这点可以反映各物种的亲疏之别。我们依据基因亲缘关系建构家谱,同样地,我们也可以依据遗传关系建构生物谱系。但我等一下会解释,为什么有时候某些谱系中的结合关系会让人困惑。

乌斯用大量的RNA分子来绘制细菌的谱系,但当把那些嗜热、产

甲烷的菌种按惯例分类时,他发现"这些'细菌'和典型细菌的差异,比它们和真核生物的差异还大"。他认为还有第三种超界存在,因为这些物种能适应极端的环境,依据推测,这类环境恰是地球初生时的状态,所以他建议把这个新的超界称为"原始细菌"(archaeabacteria)。这个名称后来修改成古细菌(Archaea),以免跟细菌(bacteria)混淆,并且将超界重新命名为"域"(domain)。

真核生物域、古细菌域、细菌域——当这样的生物分类法提出时,如何理清这三者之间的关系成为新的挑战。达尔文说物种谱系就像树木一样,通过分化出新物种来长出新的枝丫。但是,在他所不知道的微生物世界中,有些事件超脱了这种树状进化形式:微生物会交换基因,有些微生物甚至以内共生的方式,居住在寄主物种的体内。迥异的物种就像是八竿子打不着的远亲,然而前述这些过程让它们得以互相传递基因,导致生物家族谱系混乱。为了分辨真核生物、古细菌和细菌之间的亲缘关系,生物学家必须理清大量基因的发展史,而且这些基因并非都有相似的家族特征。

举例来说,有些针对古细菌分子所做的第一批研究,发现古细菌和真核生物之间有显著的相似之处。古细菌用来把DNA包裹在染色体内、用来转录DNA,还有用来解读DNA信息的蛋白质,和真核生物体内执行同样功能的蛋白质是如此相像,所以真核生物被认为是从某些古细菌进化而来。这些激动人心的相似之处,有的就记录在简短的蛋白质"特征"序列上,而且只有某些古细菌和真核生物才有这些序列。例如,在其中一个用来解读信息的不朽蛋白质上,插入了短短的由11个氨基酸组成的序列。表3.2显示,在不同的真核生物和古细菌身上都有这段插入序列。

表3.2 插入序列

物种	所插入的序列
真核生物	
人类	GEFEAGISKNG
酵母	GEFEABISKDG
番茄	GEFEAGISKDG
古细菌	
硫化叶菌属(*Sulfolobus*)	GEYEAGMSAEG
热网菌属(*Pyrodictum*)	GEFEAGMSAEG
喜酸菌属(*Acidionus*)	GEFEAGMSEEG
细菌	无此序列

这串序列只存在于两个域中,表明古细菌与真核生物之间的亲缘关系,比它们与细菌还要近。从树形图可以看出三域有一个共同祖先[即所有物种在分化之前的最后的共同祖先(the last “universal” common ancestor,简称LUCA)],接着分出细菌域和古细菌域,真核生物稍后从古细菌中分出去。生物的树状谱系请见图3.4。

但是解读古细菌和细菌的全部基因组序列之后,科学家出乎意料地发现,大部分古细菌的基因和细菌有相当大的相似度。接着,当更多真核生物的基因组序列被解读出来后,根据分析,有许多真核生物的基因和细菌基因的关联性更甚于古细菌。这就像“如果你的姐姐同时也

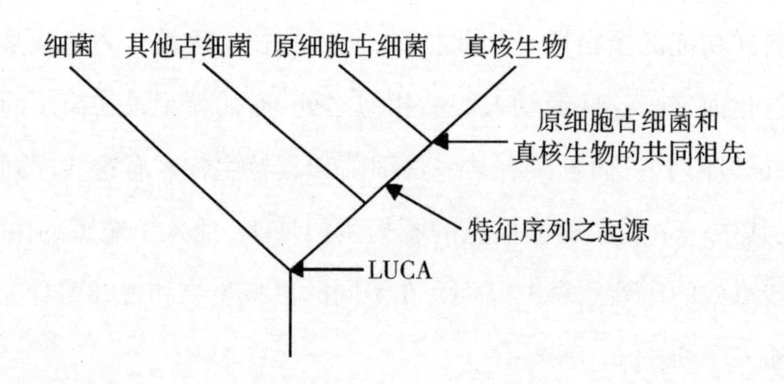

图3.4 “传统”的生物谱系。所有的域就是这样分化出来的。(洁米·卡罗尔制图)

是你的阿姨,那你的父亲是谁”之类的谜题一般。简而言之,要分辨哪些种群比较亲近,会把人搞得七荤八素。

这个谜题的解答来自一个关键性的发现:古细菌和真核生物的相似处大多是在带有遗传信息的基因上,这些基因负责复制和解读DNA。另外,真核生物和细菌的相似处多半在操作型基因上,这些基因关系到各种养分和细胞基础物质的新陈代谢。从真核生物的角度来看,就像它们的“脑”(信息基因)和“外表”(操作型基因)分别来自双亲之一。

真核生物是异种结合的成果,它们是古细菌和细菌的基因融合体,这项惊人的发现并不新颖。早在1970年,马古利斯(Lynn Margulis)就提出以下说法:线粒体和叶绿体,这两种在真核生物细胞中提供能量的关键细胞器,是来自住在真核生物体内的细菌[这个融合的过程就是内共生(endosymbiosis)]。现在这个概念已经被广泛接受了。

但是怎样让古细菌和细菌结合出真核生物呢?美国加利福尼亚大学的里韦拉(Maria Rivera)和莱克(James Lake)得出这样的结论:真核生物确实有双重源头,是不同生物分支的综合体。里韦拉和莱克分析了分属细菌、古细菌和真核生物的共7个物种的基因组,找出其中的“共同基因”,包括7个物种都相同、只有1个物种不同、有2个物种不同、有3个物种不同等,对这些共同基因的模式所做的综合分析指出,真核生物是某种古细菌和某种细菌结合的产物。生物的共生关系很常见(例如黄石国家公园里的水生栖热菌就是从能进行光合作用的蓝细菌取得能量,同时蓝细菌为这块菌类织锦染上色彩),有时候会产生内共生现象,这是真核生物起源的可能解释:真核生物是内共生体和宿主基因组相融合的产物。这项结论让生物谱系之树的基部不再是单一枝干,而是一个环状结构(图3.5)。

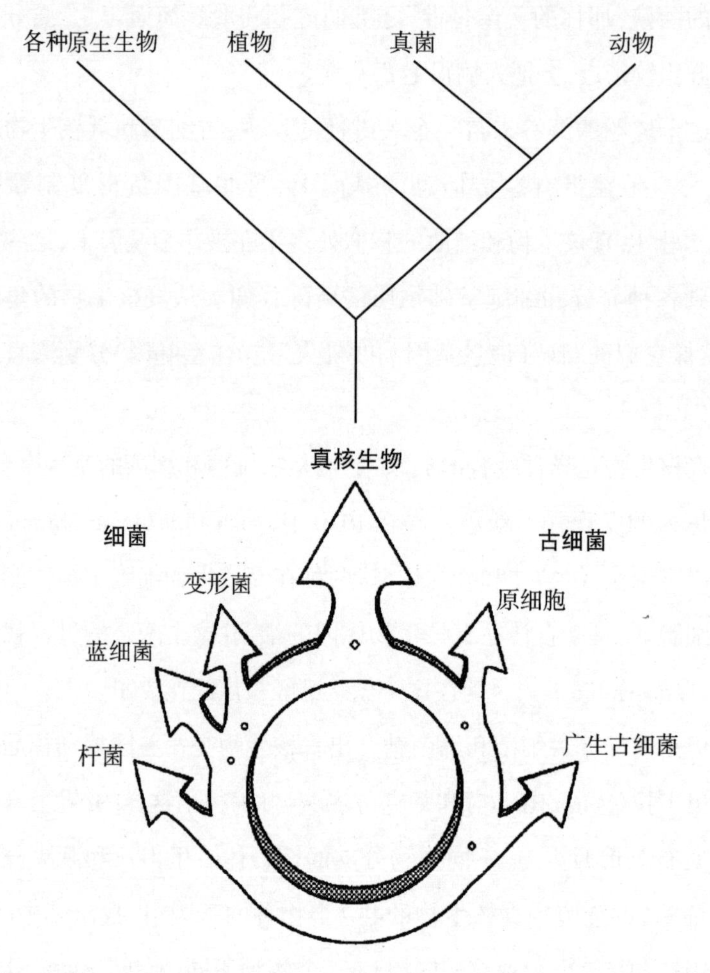

图3.5 真核生物的新谱系。DNA记录指出，某些古细菌和某些细菌的结合，创造出真核生物。这个谱系的基底为一环状结构，而非传统的树状结构。[转载自：M. Rivera and J. Lake (2004), *Nature*, 431:152。]

所以，如果你有空去黄石公园参观，见到那些发臭的沸腾池子，可不要掉头就跑，也不要厌恶沿着池子周围慢慢流淌的、五颜六色的黏稠物。无论血缘相隔多远，那可不是对待亲人的方式。想想看，你和这群生物共享数百种基因呢，这是多么神奇的事！在难以想象的悠久时光之前，在某个地方，或许是深海火山口，或许是喷出沼气的排气口，所有现今地球上所惯见的生物的共同祖先,就在那儿诞生了。

当然,如果自然选择仅仅是设下严厉的限制维持现状,生命会变得单调而缺乏变化,我们今天也就看不到如此五光十色的世界,以及过去30亿年来变化多端的化石记录。表3.1列出的基因数量告诉我们,各种生命形式之间的基因内容存在着极大的差异。在那500多种不朽基因的核心之外,各物种的基因数量可是大大不同的。这样的差异显示,在进化过程中必定有新的基因产生,这个具有创造性的进化特质,就是下一章的焦点。基因新生这件事意味着基因也可能会死亡——事实确实如此,我将会在第五章中说明个中曲直,及其透露出的进化信息。

第四章

以旧制新

温故而知新。

——中国名言

▲
乌干达基巴莱森林里的疣猴。这种疣猴可以辨认出营养较丰富的树叶,并将之消化,因为它拥有两项关键的进化上的创新能力:全彩视觉和反刍消化系统。[谢凯尔吉奥卢(Cagan Sekercioglu)摄]

现在是基巴莱森林的早餐时间。

一群毛色奇特的黑白疣猴在树冠间跳跃，奔向一顿新鲜的大餐。在乌干达茂盛的雨林中，菜单上的选项看起来毫无限制，但这群疣猴略过丰富的绿色植物，把注意力放在长有红色叶片的植物上。疣猴是唯一没有大拇指的猴类（它们的名字来自希腊文 kolobus，意思是“残缺的”“被剪短的”），它们用四根修长灵巧的前爪，把带着嫩叶的树枝送进嘴里。

再往下看，更接近森林底层处，一小群黑猩猩喧闹地走向几棵无花果树，抓了些叶子来嚼，然后开始摘取那些红黄交杂的成熟果实，它们避开尚未熟透的青绿色果子，挑了些食物，便到附近找个舒服的位置栖息。

这些疣猴和黑猩猩在挑选它们的早餐时，利用的是一种非灵长类哺乳动物所欠缺的能力——全彩视觉。所有的猿和旧大陆（非洲和亚洲大陆）猴都拥有三元辨色力的视觉，也就是说它们可以看到红、绿、蓝三原色所构成的颜色光谱。大部分哺乳类只有二元辨色力——它们看得到蓝色和黄色，但是无法分辨红色和绿色。三元辨色力的重要性在于：嫩叶既营养又柔软，较容易消化。在热带地区，有一大半植物的嫩叶是红色的，其他觅食者看不到这些颜色，富有营养的嫩叶就让灵长类独享了。

接下来，疣猴用黑猩猩或其他猿类都没有的能力消化早餐，这种消化能力只有与疣猴非常近缘的猴类亲戚才具备。疣猴是反刍动物，巨大的胃里有着多个隔间，让它们能以树叶为主食。一只15千克重的成年猴，每天要消耗2—3千克树叶，这些食物让它的腹部在坐卧时明显突出。疣猴肠道里的细菌在这一大团树叶缓慢通过消化道时帮助消化它们，独特的酶则负责分解细菌释放出的重要养分。

这些灵长类的视觉系统和消化系统引出一个生物学上的重大问

题:这些新的能力是如何产生的?在这一章里,我们要探索物种如何得到新的能力,以及如何修改它们的天赋。这个章节的主旨,是新的功能和基因如何从“旧”基因里冒出来。我将解释基因在复制过程中如何产生意料之外的结果,进而进化出新的功能,还有新旧功能如何在物种的生活中融洽相处。

我可以举出各式各样的例子,来说明物种能力的发展和协调,但是根据以下理由,在此处我的重点几乎全部放在色彩视觉的起源和进化上。第一,这项感官能力对它的主人有显著的用处。第二,在不同栖息地(如海洋、热带草原、森林、洞穴、地底,等等)生活的动物,它们的视觉系统会尽全力适应生活环境。第三,我们对色彩视觉的生物学和物理学原理了解甚多,所以我们知道各物种辨色能力的大大小小的差异,当然也包括了它们看到的颜色的差异。我们已经知道有一个广大的色彩区域——紫外光,是人类看不见的,但是鸟类、昆虫等许多动物会利用这个颜色来觅食、求偶、寻找同伴。第四,针对色彩视觉基因与其进化过程的研究,或许比针对任何其他性状的研究要来得丰富。以上几个因素的结合,产生出一项最深奥的知识主体,这项知识将特定基因的差异、生态学的差异,以及物种的进化连接了起来。

在这个章节里,我将为进化过程的三元素——自然选择、性选择,还有遗传变异——提供具体、直接的证据,以讨论这项知识主体。我们可以追溯刻印在DNA中的进化足迹,来发现这三者的存在。为了看到进化的足迹,我们将辨识特定物种间的重大差异,确定这些差异在何时产生,并破解DNA的特殊变化和特殊能力是如何扯上关系。我们要追踪DNA中的两种信息:第一,为了知道进化事件是在何时、在哪些物种身上发生,我们要追踪一项DNA上最新发现的且独一无二的重大事件,以获得一幅清晰的物种亲缘关系图;第二,我们将检阅与色彩视觉相关的基因的DNA序列，选择的轨迹就刻印在这些基因序列上。

新闻记者多尔顿（Rex Dalton）针对鸟类看得到我们无法看到的颜色这件事，做出以下评论："如果你想进入一只动物的心灵，可以试着透过它们的眼睛看世界。"我先解释动物是怎么看到颜色的，然后我们就可以从这些眼睛中看到进化的过程。

看见彩虹

人类所看到的自然界是独一无二的。我们可以看到颜色，是因为我们的视网膜细胞里有多组测光分子在精细调节，视网膜细胞还会将感测到的信息传输到大脑。其他动物有不同的测光分子，并且/或能感测彩虹七色中不同的区段。要了解我们或其他动物所看到的世界，我们必须了解光、色彩、测光分子，还有眼中收集色彩影像的细胞。

人类的眼睛对可见光非常敏感，可见光只是整个电磁波光谱上的一个窄小区域。白光是可见光谱上的色彩混合体，范围从红、橙、黄、绿、蓝到紫，这些颜色有不同的波长，从400纳米（紫）到700纳米（红）不等（图4.1）。物体的颜色基于它们吸收或反射的光的波长，而这和它们的分子结构有关。比如，草原是绿色的，因为它吸收除绿光之外所有的

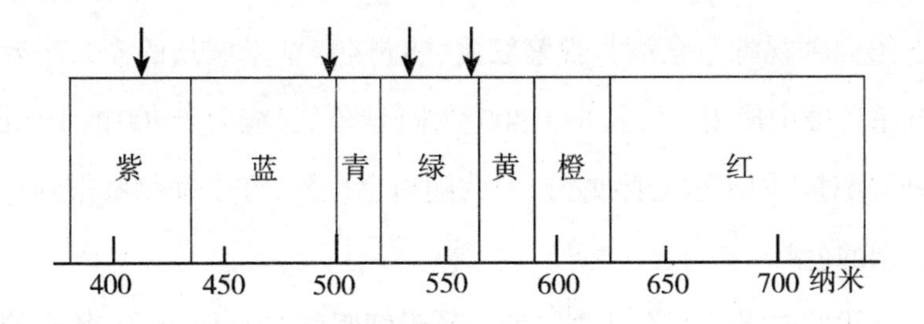

图4.1　色彩光谱与光的波长。我们看见的紫色、蓝色、绿色和红色，都是来自不同波长（单位是纳米）的光。通过4种不同的视蛋白，人类的色彩视觉能检测到4种波长的光（箭头处）。（奥尔兹绘）

光，于是波长大约520纳米的绿光被反射了出来；天空在我们看来是蓝色的，因为阳光中波长较短的光在大气层散射，而这种短波长的光是以蓝色为主的，剩下的光看起来是黄色的，这是白光减去蓝光的结果；落日看起来是橙色的，因为在太阳接近地平线时，光在大气层里要走过比较长的距离，蓝光因此被散射掉了，只留下橙光进入我们眼中。阳光里也包含有我们看不见的短波长的光，如在臭氧层就散射的**紫外线**，它仍然会照到我们身上，有些肤色比较白的人，像我，就会被晒伤；比较幸运的人呢，就被晒出古铜色的健康皮肤。波长较长的光，像火焰产生的热，被称为红外线辐射，也是肉眼看不见的，但是使用配有红外线探测仪的夜视镜，我们可以看见温热的物体。

当特定波长的光打在视网膜的视色素上，我们就产生了色彩视觉，这些视色素由称为视蛋白的蛋白质和称为色基的小分子构成，色基是维生素A的衍生物。视色素的感光能力来自视蛋白的准确序列，以及色基与视蛋白的相互作用。这种相互作用导致精细的**光谱调变**：每种视色素会对不同波长的光产生反应。人类有3种不同的视色素，分别能感测到短波、中波和长波的光，它们被分别称为SWS、MWS和LWS视蛋白。这3种视蛋白分别能感测到波长为417纳米（SWS，蓝光）、530纳米（MWS，绿光）和560纳米（LWS，红光）的光，共同构成我们的色彩视觉。第四种视觉色素称为**视紫红质**（感测497纳米波长的光），主要是在昏暗环境中使用。波长小于400纳米（紫外线）或大于700纳米（红外线）的光对我们来说是隐形的，但我随后会提到，许多动物看得到紫外线范围的色彩。

在我们的眼睛中有两种不同的**感光细胞**（photoreceptor），依它们的外形分别命名为视杆细胞（rod）和视锥细胞（cone），其上便带有视色素（图4.2）。一般来说，视杆细胞对光很敏感，在夜晚或是微光状态下很

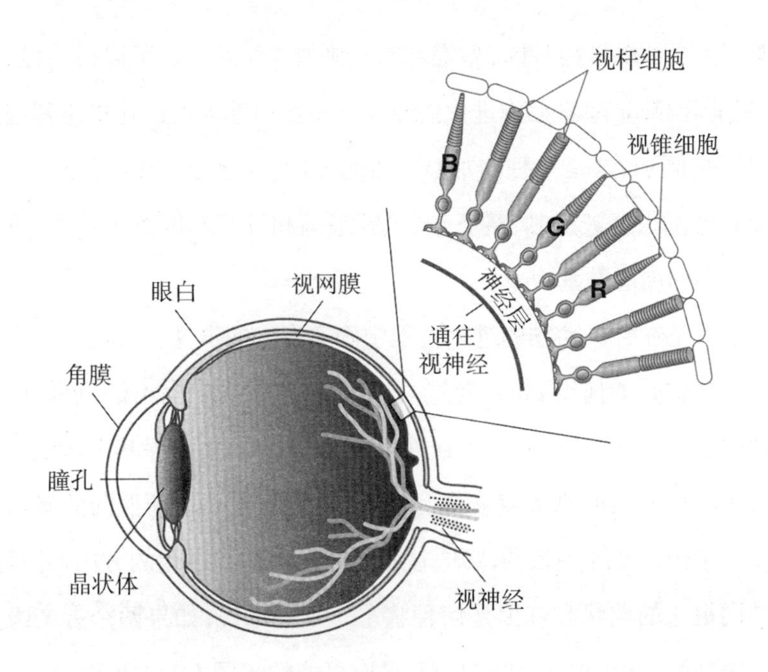

图4.2 视网膜检测颜色的方法。光穿过晶状体到达视网膜,视网膜有两种感光细胞:视杆细胞能检测到微光,但是不能制造彩色影像;视锥细胞各带有3种视蛋白中的一种,分别对红光(R)、绿光(G)或蓝光(B)起反应。对视杆细胞或视锥细胞的刺激,经由神经元和视神经,传到大脑的视觉中枢。(奥尔兹绘)

有用,但它们无法分辨不同的波长,所以我们在夜晚就成了色盲。视锥细胞在明亮的环境下最活跃,它们构成了日常的色彩视觉系统。

当光照在色基上,视色素就产生一连串迅速的变化。在千分之一秒内,这些视色素感到"兴奋",这种兴奋状态能激发感光细胞。视网膜的感光细胞所接收到的信息,最后会传输到大脑皮质的视觉区,并在该区整合。如果我们感知到一个物体是有颜色的,那至少有两种视锥细胞被激发。大脑所感知到的颜色,是由各种视锥细胞的兴奋程度决定的,如果只有一种视锥细胞在运作,那物体在大脑中仅会呈现灰色。

每一种视蛋白都被单个的基因所控制。人类拥有的3种视蛋白基因(SWS、MWS和LWS)也存在于黑猩猩和其他猿类身上,而大部分哺乳类只有2种视蛋白基因,鸟类和鱼类则有4种以上。所以很明显,视蛋白基因的数量随着动物进化而改变。视蛋白基因的进化史是**基因重复**的一个例子,这是一种增加DNA信息的重要方法。在此过程中,某个固有的基因会被复制,接下来,“新”基因和“旧”基因各奔前程,进化出拥有不同功能的基因。

这就是在脊椎动物的进化过程中确实发生的事件。我们想知道更多——动物是如何得到(或者失去)视蛋白基因的呢?不能只说“两个物种就是不一样”——为了看到进化的足迹,我们要一探其中端倪。要了解视蛋白基因的真实发展史,我们得知道不同动物种群间的确切关系。对于物种亲缘关系的认知,让我们能明白性状进化的方向,并且追溯共同祖先的性状和基因是何种状态。举例来说,如果两个有亲缘关系的物种拥有相同的性状或基因,最有可能的解释不是“纯属巧合”,而是因为它们最后的共同祖先也拥有这种性状或基因。想知道某个性状起源于何时,要先对物种的谱系有所了解;想知道和色彩视觉的起源有关的物种谱系是如何确定的,一定要对现今如何以DNA判定物种的亲缘关系有简单的认识。我将把接下来论述的重点放在强有力的DNA标记上,这项新技术能够用来解开物种史,而且它的明晰度和可信度都是史无前例的。

从分子到谱系

在达尔文察觉出进化呈树状形式后,生物学家便致力于建构各个物种(无论是现存物种还是化石物种)的树状谱系。生物学史的大半时光里,这些谱系以生物外表特征为建构基准,包括那些已成化石的物种。然而,生物间相像或不相像的部分,常常会误导观察者,或者引起生物学家之间的论战,因此,包含所有主要种群的树形图曾被画成许许多多不同的模样。

以分子序列和它们的相似程度来追溯物种亲缘关系的技术，直到数十年前才开始使用。因为基因是会遗传的，所以基因的序列及其所编码的蛋白质能传递给物种的后代。发生在物种身上的变化代代相传，而且遍及历史悠久的生命谱系，因此DNA的相似程度就是物种亲缘的指标。

当生物学家要检验DNA或蛋白质序列，以找出生物谱系的线索时，他们手边可是有**成千上万**组基因可供选用。虽然有一些应用的标准，但通常（为了实际的理由，如资金不足）只有一组或少数几组基因会入选。一旦有兴趣研究的基因序列收集好了，接着就使用许多深奥的数学和统计公式来绘制物种的树状谱系。基本原理就是这些公式会找出最符合数据的树状结构，这看起来没什么大不了，却是很重要的一点，因为基因序列仅由A、C、G、T这4个字母构成，如果没有足够的数据，物种亲缘的分析就会得出不确定或混乱的结果。我不想让大家以为每一个基因都能带来相同、正确、清楚的解答，所以要对所有可能的谱系做进一步的测试。有一种测试的方法就是检验是否能从不同的序列，以及从更大量的序列中得出相同的谱系。

幸运的是，又有一种全新的技术能够解析物种的亲缘关系，这项技术凭借的也是DNA。它不仅以序列的相似度为基础，还要寻找DNA中是否具有某些特定标记，这种标记来自无意间在基因附近插入的垃圾DNA序列。特殊的垃圾DNA序列区段被称为长散布元件（long interspersed element，简称LINE）和短散布元件（short interspersed element，简称SINE），很容易被检测到。这些散布元件一旦插入，就没有主动的机制能够移除它们。"插入"为物种的某个基因标上记号，然后被该物种及其所有后代遗传下去。它们真是生物谱系的绝佳追踪器！散布元件的插入是很稀少的事件,所以它们若现身在两个物种DNA中的相同位置,唯一的解释就是这两个物种有共同的祖先。DNA中各种标记的遗传原则,也可以应用在人类的亲权认定上。检验不同祖先在不同时间点上散布元件的分布状况,生物学家可以找出足够应用于法庭的证据,来确证物种的血缘关系。

但不要自满于解读生物谱系,我们手边的证据有其天性和特点。本书中,我希望能让大家对此天性和特点建立起一份鉴赏力和理解力。眼见为凭,所以让我们来看看一个重要的谱系——人类和灵长类的谱系,看看如何以短散布元件作为标记,将这个谱系解析出来。接着,我们就要用这个谱系解读出色彩视觉的起源。

编排谱系的第一步是辨认出一组短散布元件,以供检验之用。在人类基因组序列中,这件事不难办,有成千上万个短散布元件可供选择。接下来,对照其他灵长类的数据,检验它们DNA中的特定区块。大部分的短散布元件有300对碱基那么长,所以如果另外一个物种的DNA也带有同样的短散布元件,该区块就会多出300对碱基,反之则无。在图4.3中,我展示了来自路易斯安那大学和犹他大学的塞勒姆(Abdel-Halim Salem)与他的同事得出的几组实际数据。在用来分离不同长度的DNA的凝胶中,短散布元件存在与否,可从各组DNA的相对位置明显看出。图4.3中显示:第一组短散布元件是人类特有的;第二组为人类、倭黑猩猩、黑猩猩所共有;第三组则是人类、倭黑猩猩、黑猩猩、大猩猩、猩猩、马来亚长臂猿(也称合趾猿)所共有。从100多个短散布元件的分析中,可以找出灵长类中这6名成员共有的序列,此后依序是5名成员共有、4名成员共有等,还有黑猩猩和倭黑猩猩共有的序列,以及人类、倭黑猩猩或者黑猩猩所独有的序列。这些短散布元件在夜猴的DNA里完全找不到。物种共有的独特短散布元件数目的多寡,

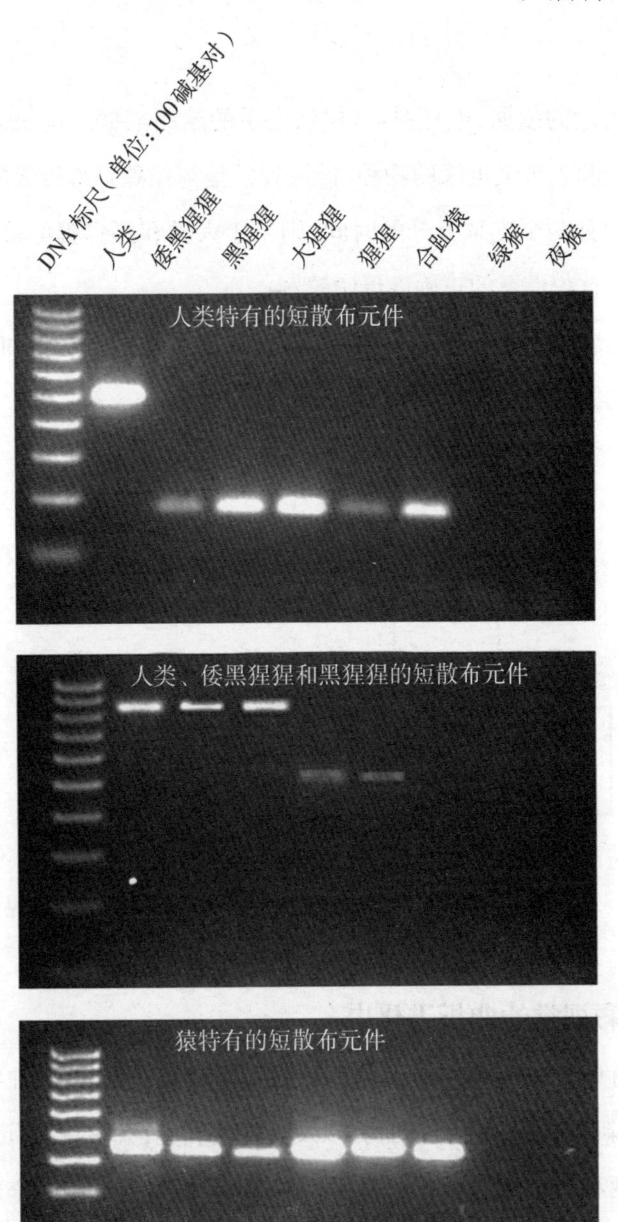

图4.3　DNA对比和人科的进化。不同物种的DNA各具特定类型的短散布元件，此处通过DNA片段的长短差异显示出来。物种间分享共同类型短散布元件的程度，可代表物种间关系的亲疏。[图片来源：Salem et al. (2003), *Proceedings of the National Academy of Science*, 100: 12787; copyright ©2003 by the National Academy of Science, U.S.A.]

是血缘远近的依据，也是图4.4树状谱系的绘制依据。这份谱系揭露：黑猩猩是和人类最近缘的物种，倭黑猩猩是与黑猩猩最近缘的物种，大猩猩和猩猩两个支系分开的时间，则早于人类和黑猩猩的最后一位共同祖先。这份谱系的正确度毋庸置疑。

既然我们手边有了这份谱系，那么就来看看色彩视觉和视蛋白基因之间的关联吧！

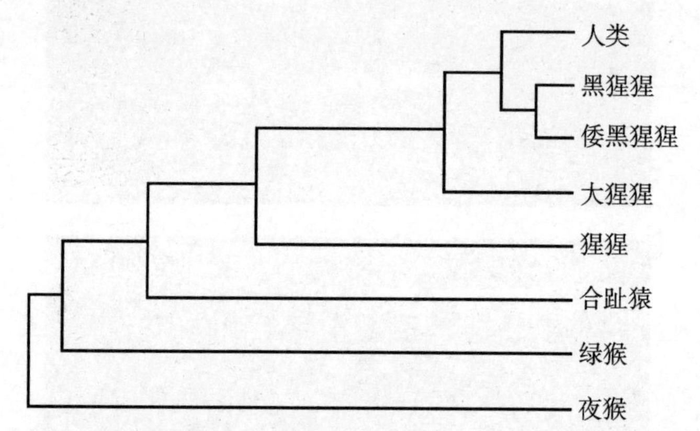

图4.4　人科进化树。借由DNA分析揭示人科成员和猴之间的亲缘关系。[资料来源：Salem et al. (2003), *Proceedings of the National Academy of Science*, 100: 12787。]

色彩视觉的曲折进化史

所有旧大陆的猿和猴，都有三元色彩视觉以及3种视锥细胞视蛋白基因；新大陆猴、啮齿目动物，以及其他哺乳类，大多只拥有二元色彩视觉和两种视锥细胞视蛋白基因。从图4.4的谱系可以对全彩视觉追本溯源：这是新、旧大陆的血缘分开之后，由旧大陆灵长类的祖先所发展出来的。再者，因为旧大陆灵长类拥有第三种视锥细胞，所以这种视蛋白基因必定也是在大陆分离后才出现的。这告诉我们，人类的色彩视觉来自旧大陆的遥远祖先，而不是在人类的进化过程中自行创造出来的。

其他哺乳类——如松鼠、猫和狗等，有两种视锥细胞，这个状况让人产生以下的联想：两种视蛋白基因和二元色彩视觉是来自哺乳类的共同祖先，这表示三元色彩视觉是灵长类的特别“优势”吗？在我们跳到这个结论之前，先来看看其他脊椎动物的视觉状态。我们马上就发现一个疑问：鸟类有着卓越的色彩视觉，爬行类和许多种鱼（如金鱼）也是如此，它们至少有4种视蛋白基因。在一些较原始的脊椎动物（如无颚的八目鳗）身上，可以找到**5种**视蛋白基因，这些发现显示色彩视觉在进化早期就已经产生，那时候脊椎动物尚未分化成有颚和无颚类呢！所以从整个脊椎动物的进化树看来，非灵长类的哺乳类是欠缺色彩视觉和视蛋白基因的。对脊椎动物的色彩视觉还有视蛋白基因予以全盘分析之后，我们追溯出视蛋白基因的进化形式：起初，这项基因在大家身上都很丰富，接着哺乳类的祖先失去了它，最后又在旧大陆灵长类身上复苏。

你或许会问：色彩视觉是那么重要，那为什么还会失去它呢？最有可能的解释，和哺乳类夜行性生活方式的进化有关。早期的哺乳类体型小，生活在由大型动物（恐龙等）支配的生态系统中，隐秘地在夜晚活动。夜行性生活方式的进化让这些动物把在白昼使用的视觉，转化成能在微光和黑暗中使用的视觉，全彩视觉就此消失（在下一章，我们将会通过许多实例，看到这类转变如何造成基因消失）。

我们可以很确定地指出，相对于灵长类和哺乳类，人类的第三种视蛋白基因是何时进化出来的。但还有一个问题：新的基因如何扩展人类的色彩视觉？我们可以从视蛋白基因序列看出色彩视觉的进化过程，所以接下来我们将会审视视蛋白的实际编码，看看红光和绿光的视蛋白彼此有什么不同，还有它们能对不同颜色起反应的确切原因。在适应环境方面，视蛋白“调整”是色彩视觉中的一个普遍现象。首先我会说明我们的视蛋白如何做调整,以及关于灵长类适应性的证据;接着我会举出一些例子,来显示不同物种在适应环境和刺激的时候,它们的视蛋白如何调整到能接收其他波长的光。

红/绿奇观

鼠、松鼠、兔、山羊,还有其他哺乳动物只有一种视蛋白:MWS视蛋白或LWS视蛋白,最多只能感知510—550纳米的光波,这种视蛋白是来自一个单独的基因。相比之下,人类这两种视蛋白都有,由X染色体上一对头尾相邻的基因编码。这两种视蛋白的DNA相似度很高(达98%),它们在DNA上的位置就像是隔壁邻居一样,这些情况透露出它们是从灵长类祖先的同一个MWS或LWS基因重复而来。基因重复是一种DNA变化的常见形式——我们有许多基因是在进化过程中经过多次重复而产生的。基因数量的扩张增加了可供选择作用的材料,基因重复这样一个共通的模式可让它们的功能变得不同。这正是我们X染色体上两个视蛋白基因发生的状况。

人类和其他具三元辨色力的灵长类都有这一对视蛋白,主要接受的刺激光波的波长分别是530纳米(绿光)和560纳米(红光),这些造成最大刺激的光波波长被称为最大吸收峰。视蛋白功能相关的进一步研究让我们发现,只要改变特定氨基酸,就可以轻易调整个别视蛋白的吸收光谱。所有拥有三元辨色力的灵长类,吸收峰维持在530纳米和560纳米,这暗示,选择从中施压,保持色彩视觉精确的分离。

绿色和红色的视色素氨基酸只有15个相异之处,通过替换氨基酸,并观测这些替换对视蛋白吸收光谱的影响,生物学家已经可以标定哪些差异和哪个视色素的功能有关。

绿色和红色视色素的吸收峰有30纳米的差异,那大多数是由蛋白质的180、277和285三个位点上的氨基酸负责的，这些氨基酸的差异及其所引起的波长位移如表4.1所示。

表4.1　人类视蛋白上的氨基酸

	180	277	285
绿色视蛋白	丙氨酸(A)	苯丙氨酸(F)	丙氨酸(A)
红色视蛋白	丝氨酸(S)	酪氨酸(Y)	苏氨酸(T)
波长位移	3—4纳米	7纳米	14纳米

同时，来自人类视蛋白基因的功能与重复的证据指出，古老的MWS或LWS视色素基因发生了重复，两个重复的基因彼此之间又产生分歧，其中一个的吸收峰调整到530纳米，另外一个则调整到560纳米，这样的分歧主要源自前述三个位点的氨基酸所发生的变化(图4.5)。

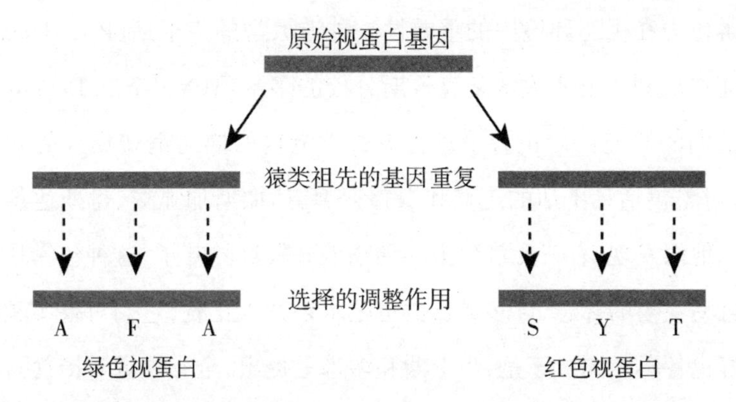

图4.5　一个猿视蛋白基因的重复与调整。在猿和旧大陆猴的共同祖先身上，有一个视蛋白基因被重复了。在这两个基因上，突变作用将二者的视蛋白吸收峰分别调整至绿光和红光的波长范围，这些是受自然选择喜好而产生的突变。(奥尔兹制图)

红/绿色视色素的重复，一定是发生在旧大陆和新大陆的灵长类分离之后，那大约是三四千万年前，紧接在非洲和南美洲大陆的地质变动之后。基因重复之后，在那三个氨基酸位点上发生的进化，显然带给那些拥有红/绿色视色素的物种一项实质利益。有三元辨色力的灵长类现今只出现在非洲和亚洲，当这种能力发展出来时，或许还有其他不具备这些视色素的灵长类(这是有可能的),而它们在今日没有任何活着的后代。

当然,我们无法回到三四千万年前,所以我们只能说这是依据数据所做的推论。不过还有其他证据支持灵长类色彩视觉的重要性,其中一个线索是野外环境中色盲的发生率。人类中色盲是很普遍的现象——高达8%的男性白种人是色盲,原因在于他们坐落在X染色体上的红/绿色视蛋白基因异常。然而,在野外环境中色盲现象相当稀少,一项针对3153只猕猴的研究显示,其中只有3只是色盲(小于0.1%)。人类色盲率高(色彩视觉未经选择密切关注),野生猕猴色盲率低,由此可看出,选择将色彩视觉保留在这些猴子及其他具三元辨色力的物种身上。

第二个证据来自针对灵长类觅食状况的野外调查,调查中发现三元辨色力在生态环境中的重要性。香港大学的卢卡斯(Peter Lucas)和目前在加利福尼亚大学圣克鲁斯分校的多米尼(Nathaniel Dominy),以及他们的研究伙伴正着手进行灵长类觅食取向与消费模式的详细研究,对象包括乌干达的疣猴和黑猩猩、马达加斯加狐猴、哥斯达黎加蛛猴。他们发现,有三元辨色力的动物偏好较红的叶子,这种色泽是高蛋白且易咀嚼的标志,许多灵长类也把水果并入正餐,它们对果实颜色的喜好也各不相同。于是,卢卡斯和多米尼提出,全彩视觉对摄食树叶的意义十分重大,特别是在水果短缺的季节。

这么说来,能感知红色和绿色看起来有其优势。但是红色和绿色只是色谱上的一部分,只对生活在以植物为主的森林里的动物有帮助。还有很多动物生活在不同环境里,在某些环境中,红/绿视觉几乎完全派不上用场,比如说在海里。

在蔚蓝深海中

在大洋深处,阳光经过层层过滤,只剩下相当微弱的光。感测微弱的光是视杆细胞的职责，在这些细胞中的视蛋白是视紫红质。人类和大部分陆生哺乳类的视紫红质，都被调整到能够接收波长在500纳米左右的光。

在200米或更深的海中，只有少量的蓝光可以到达，其波长大约是480纳米。深海鱼类和海豚的视紫红质被调整成可以接收蓝光，也就是说，和陆生哺乳类比起来，它们所吸收的光的波长，向光谱上蓝光那端移了10—20纳米。视紫红质精细调整的海洋物种，如宽吻海豚、海豚、巨头鲸、苏氏喙鲸、鲂鱼，还有多种鳗鱼，都被仔细研究过。在实验室里，利用替换不同物种中个别或成群氨基酸的技术，人们已将视紫红质上负责吸收不同波长的氨基酸标记出来。宽吻海豚的蓝光吸收波长比陆栖哺乳类短了10纳米，这和它的视紫红质上83、292、299三个位点的氨基酸有关（图4.6）。而苏氏喙鲸的视紫红质向蓝光位移的幅度更大

		视紫红质上关键位点的氨基酸			
	物种	83	292	299	最大吸收峰的波长（纳米）
深水	深海鳗鱼	天冬酰胺	丝氨酸	丙氨酸	482
	宽吻海豚	天冬酰胺	丝氨酸	丝氨酸	489
	喙鲸	天冬酰胺	丝氨酸	丙氨酸	484
陆地或浅水	牛	天冬氨酸	丙氨酸	丙氨酸	499
	人类	天冬氨酸	丙氨酸	丙氨酸	499
	淡水鳗鱼	天冬氨酸	丙氨酸	丝氨酸	502
	海牛	天冬氨酸	丙氨酸	丝氨酸	502
	海豹	天冬氨酸	丙氨酸	丝氨酸	501

图4.6　视紫红质的调整和水生动物栖息地的深度有关。相对浅水和陆生动物，深水鱼类和鲸目动物视紫红质的吸收峰向光谱上蓝光一侧偏移。生活的水深程度相似的动物身上，三个关键位点上的氨基酸多半是相同的。（洁米·卡罗尔制图）

(484纳米),在一个关键位点(299)上的氨基酸也和宽吻海豚有差异。

对深海鳗鱼和淡水(浅水)鳗鱼视紫红质的分析,支持蓝光位移的转变是为了适应深海环境这一观点。生活在深海里的鳗鱼,视紫红质基因中3个关键的氨基酸和喙鲸是完全相同的。淡水鳗鱼的视紫红质对光的吸收峰和陆生哺乳类差不多;再者,它们的视紫红质上三个关键位点的氨基酸和海豹、海牛分毫不差,而这两种动物的视紫红质,正是生活于浅海和浅滩的哺乳类视紫红质的典型代表。

深海生物和偏向蓝光的视紫红质之间的相互关联显而易见,而且很有道理。这层关系合理暗示,自然选择针对不同的环境调整视紫红质。不过还有一个更强势的理由,足以推论出这都是自然选择的作用,来看看列在图4.6中的物种的进化关系:海豚和喙鲸都是鲸目动物,这些哺乳类的祖先本是陆生动物,但又回到海中。让人惊奇的是,鲸目动物最近缘的物种居然是河马、鹿、牛、猪,还有骆驼,这是我们从DNA记录中的短散布元件还有长散布元件,以及其他DNA序列中得来的结果。既然这些鲸目动物近亲的视紫红质对光的吸收峰是500纳米,我们就可以确定地得出结论:海豚和鲸与其他陆生哺乳类分化之后,它们的视紫红质才产生了进一步的变化。

但是鳗鱼是鱼类,它们的进化路线早在几亿年前就和其他脊椎动物分开,这就代表深海鳗鱼和淡水鳗鱼的分化、陆生和海生哺乳类的分化,是两个**独立**事件。当两个物种或种群在适应类似的环境时,它们的氨基酸产生相同的进化,就如这里提到的鲸目动物和深海鳗鱼一般,这就是自然选择对于相同的适应能力起作用的有力证据(视紫红质只是进化重演的例子之一,这点会在第六章完整讨论)。

现在我们把焦点从红色、绿色和蓝色转到我们看不见的颜色上,一个动物依靠紫外光视觉过活的世界。

在彩虹之外

在《物种起源》成书十多年后，达尔文又出版了《人类起源与性选择》(*The Descent of Man and Selection in Relation to Sex*)，这是他第一本关于人类进化的详细论述的著作，但是比该书主题还重要的，或许是他对进化提出了新颖而根本的认识：异性在性状进化上具重要性。他将此称为"性选择"。性选择及达尔文对性选择理论所下的功夫，都不及他的自然选择理论出名，但是生物学家将性选择视为动物进化中最重要、最令人关注的一种影响——等于一座竞技场，求偶成功率与成为"适者"有着直接的关联。

达尔文对鸟类的羽毛情有独钟，他认真思考，并且用大量篇幅描述各种鸟类色彩艳丽、图样别致的羽毛，他特别关注的是雌鸟的择偶偏好能导致雄鸟进化出精巧装饰的外表(如孔雀的尾巴)。在达尔文之后，鸟类成为性选择研究的偏爱对象。但是直到近期，这类研究仍是错误百出，原因就是：人类一直在从自己的角度去看鸟类的色彩。我们现在知道，人类看到的世界和大多数哺乳类所看到的大不相同，鸟类所看到的世界也和人类看到的截然不同。许多鸟类拥有紫外光视觉，可以看到我们看不见的颜色，这项能力有很多用处——求偶、觅食，甚至可以用在喂食幼鸟上。

许多鸟类的视蛋白被调整到可以感测紫外光，身体上也进化出可以反射紫外光的毛色(彩图D—K)。紫外光的波长小于400纳米，比紫光还要短，能被SWS视蛋白测得。我们人类的SWS视蛋白被调整到能接收波长417纳米的光，而多种鸟类的SWS视蛋白能接收到波长在370纳米左右的光，所以它们能够看到紫外光。有些鸟类的SWS视蛋白被调整到一般紫光的范围，吸收峰对应的波长大约是405纳米，于是它们就跟人类一样，看不到紫外光。同样地，实验室中的分子研究可以标出鸟类SWS视蛋白的精确变化，分辨某个特定物种是对紫光敏感还是对紫外光敏感。

在鸟类SWS视蛋白的一个特定位点(90)，呈现出与视觉完美的对应关系，鸟看见的是紫光还是紫外光，取决于该位点上的氨基酸。这个位点上的氨基酸如果是丝氨酸，鸟只能看到紫光；如果这个位点上的氨基酸是半胱氨酸，鸟就能看到紫外光(图4.7)。除此之外，色彩视觉领域杰出的科学家横山彰三(Shozo Yokoyama)和他在埃默里大学的同事已经直接证明，如果把丝氨酸和半胱氨酸互换，原先只能看到紫光的就能看到紫外光，原先能看到紫外光的反而变成只能看到紫光。仅仅一个氨基酸不同，就可以改变吸收峰的数值35—38纳米之多，这是一个巨大的转变。这些研究显示，单一变化就足以扭转SWS视蛋白的功能，所以视蛋白可否感测到紫外光的进化程序，相比之下是一个简单的步骤。

物种	目	在位点90上的氨基酸序列	视蛋白种类
鱼鹰	鹳形目	丝氨酸	紫光
银鸥	鹳形目	半胱氨酸	紫外光
鸡	鸡形目	丝氨酸	紫光
冠羽乌鸦	雀形目	丝氨酸	紫光
紫翅椋鸟	雀形目	半胱氨酸	紫外光
啄木鸟	鴷形目	丝氨酸	紫光
灰鹦鹉	鹦形目	半胱氨酸	紫外光
鸵鸟	鸵形目	丝氨酸	紫光
美洲鸵	鸵形目	半胱氨酸	紫外光

图4.7 鸟类的紫外光视觉进化。鸟类看到的是紫光还是紫外光，取决于SWS视蛋白位点90上的氨基酸是丝氨酸还是半胱氨酸。这个位点上的变化在不同目的鸟类身上至少发生过4次。(洁米·卡罗尔制图)

有紫外光视觉的鸟类分属于4个目当中的9个科。从它们彼此之间的亲缘关系看来,鸟类的紫外光视觉至少各自进化了4次。所有包含可感受紫外光的鸟类的目,也都包含对紫光敏感的种,这表示将紫色视色素内的丝氨酸变成半胱氨酸的突变发生了很多次。同样地,紫外光视觉的进化也发生了好几次,这是自然选择在视蛋白基因上运作的强有力的证据。此案例中,选择的依据极可能是异性的喜好,因为现在有充分的证据显示,对紫外光敏感的鸟类在择偶方面的偏好,受到在紫外光下才看得到的色彩与花样所影响(彩图D—K)。

举例来说,决定雌性椋鸟择偶偏好的就是羽毛上紫外光范围内的颜色,而非人类可见光范围内的颜色。这点是由以下实验发现的:将鸟放在一个可以过滤自然光的仪器里,仪器内紫外光亮起前后,雌鸟选择雄鸟的标准有所不同,而且它们偏好喉部羽毛的图案能够反射紫外光的雄鸟。

同样地,雄性青山雀的头冠羽毛对紫外光的反射率和雌鸟不同(彩图D—G)。实验发现,雌鸟对头冠最能反射紫外光的雄鸟青睐有加。进行此实验的布里斯托尔大学研究人员在报告标题上宣称:“青山雀事实上是紫外光山雀。”

紫外光视觉的用处不仅限于择偶。最近的研究显示,有8种鸟类的幼鸟,其喙部对紫外光有高度反射力,特别是沿着嘴巴边缘,这表示它们的父母返回阴暗的鸟巢时,能看到孩子们的嘴巴。再者,越强壮的幼鸟,喙部能反射越多紫外光,所以在同伴竞争中,适者之所以能脱颖而出,靠的就是这些能让喂食的父母清楚看见的嘴巴。

也有证据显示,紫外光视觉可用在猎食上。青山雀就是用它们的紫外光视觉来感测带有保护色的毛毛虫;身为猛禽类的红隼凭借田鼠留下来的气味,找到田鼠聚集的区域,因为这种气味会反射紫外光。

紫外光视觉不只限于鸟类。有些鱼类、两栖类、爬行类和哺乳类(如蝙蝠),都拥有紫外光视觉,这些对紫外光敏感的物种,它们的SWS视蛋白吸收峰都调整为360—370纳米。紫外光视觉在进化和应用上范围广布,这促使它得以发挥多种作用。这是进化论的主题之一:一项新的改革能为其他革新创造进化的机会。本章的最后部分将讨论疣猴。除了能够分辨出森林中最有营养的叶子,疣猴还发展出另一套革新机制,这番革新是为了补充觅食能力而进化出来的。关于基因的"旧瓶装新酒",这是另外一个非常清楚的案例。

会反刍的猴子

大部分灵长类的主食是水果和昆虫,疣猴却专吃树叶。这些树叶跟反刍动物所吃的食物相似,均靠疣猴前肠的细菌发酵来消化。所谓前肠,是疣猴多个消化分室中的一个。就像牛等反刍动物一样,疣猴用多种消化酶将那些细菌消化分解,从形同炖菜的一肚子叶浆中吸收养分。其中一种重要的消化酶——核糖核酸酶,由胰腺分泌到小肠里,分解发酵菌的RNA(核糖核酸),以便从中吸收大量的氮。疣猴和传统的反刍动物胰腺里的核糖核酸酶含量比其他哺乳动物要高,这让我们心生疑问:这种消化方式是如何进化来的呢?

关键的发现是,大部分哺乳动物只有一组胰腺核糖核酸酶基因,疣猴却有3组,核糖核酸酶基因在这类猴的进化过程中被重复了。密歇根大学的张建智(Jianzhi Zhang)针对这3组基因所做的深入研究显示,其中一组基因和非反刍类猴体内的一样,可以持续制造一种几乎完全相同的消化酶,而另两组"新"基因则经历数度转变,已然被调整得适合疣猴的消化系统和需求了。

整体来说,在这两组"新"消化酶蛋白质序列上,分别产生了10个与13个转变,新的消化酶在活动状态方面有一个显著的差异,那就是它们最活跃的环境比“旧”消化酶的要来得酸,这项差异关系着疣猴与其他灵长类之间消化过程的差异。

这是一种良性的关联,但不是自然选择在核糖核酸酶的进化上运作的唯一证据,分析新的核糖核酸酶的DNA和蛋白质序列,可以获得更多佐证。上一章提到,大部分的DNA突变是同义突变,而新的核糖核酸酶基因显示出的变化,却是以非同义突变居多(和同义突变的比例大约是4:1,而其他蛋白质的比例大约是1:5),这是个很好的证据,证明自然选择允许此蛋白质内出现这些特殊的变化。

创造和适应

色彩视觉和反刍消化的进化只不过是物种适应个别的环境时,遗传信息如何扩展、调整的两个小例子。基因的重复和选择对它们的调整,本来就相当普遍,我们大部分的基因都曾在进化过程中经过扩展,意外发生的基因重复还是十分常见的。事实上,各种重复基因的数量,在人与人之间有相当可观的差异。

重复的基因其实十分累赘无用,只有一小部分的重复基因会被保存下来,并经历功能方面的种种改变,如我提到的视蛋白和核糖核酸酶的基因。基因的保存和调整是每个物种特有的过程,并且有赖于机遇、选择和时间的作用。基因的不同命运,造成各物种基因数量的差异,更重要的,还有生理等方面的差异。正如我们在上文中见识到的,动物生活方式的转变,像住在深海,或以树叶为主食,都伴随着相关基因发生显示该转变的变化。

得到新的基因或对基因进行调整,只是进化适应的一个方面,DNA的进化还有另外一面:当物种生活方式的进化远离祖先的生活方式时,有些基因的功能就派不上用场了,而且开始退化。掌握这些退化的现象,我们就可以知道物种是如何改变的,这将是下一章的重点。

第五章

化石基因:往日的断编残简

毕竟,自然是唯一一本每页内容都很重要的书。

——歌德

▲
腔棘鱼。[绍尔(Jurgen Schauer)和弗里克(Hans Fricke)摄自JAGO潜艇]

这是一份提早降临的圣诞节大礼。

1938年12月22日上午10时左右,考特尼拉蒂迈(Marjorie Courtenay-Latimer)收到地方船队负责人的信息:“纳利号”已经进港,船上有些鱼或许可以给她当收藏品。拉蒂迈小姐是东伦敦自然博物馆第一任馆长(该馆位于南非开普省),当天她正忙着将自己挖出的恐龙骨架组合起来,并没有任何迎接节日的准备。

船队负责人很少打电话给她,所以她决定放下手边工作去码头一趟。她套了件棉衫,登上拖网渔船,在成堆的鲨鱼、海绵和其余她所熟悉的生物间穿梭,这些东西曝晒在太阳下,散发着腥臭。在她想着要回博物馆的时候,“它”吸引住了她的视线,当她把一堆尸体拉开,映入眼帘的是她“曾看过的最美丽的鱼……有1.5米长,淡蓝紫色的身躯上带有彩虹色的斑纹”。

它不像任何她曾见过的鱼类。这家伙遍身包覆硬鳞,有着宛如四肢的四片鳍,还有一条奇特的小狗尾巴!她知道必须把这东西保存起来。这条鱼重达58千克,要把这么一具正在腐烂的尸体带回博物馆,可不是件容易的事,她费尽唇舌才说服出租车司机把它放进后面的行李箱。

回到工作岗位,她就把战利品拿给博物馆主任看,他轻率地把它当成一条石斑鱼。拉蒂迈小姐曾自修博物学,她有不同的想法,但是要辨识她实验桌上腐臭的大笨鱼,她所有的参考书都帮不上忙。她决定向詹姆斯·史密斯(James Leonard Brierley Smith)博士求助,他是罗得斯大学的化学讲师和业余鱼类学者。她无法用电话联络到他,只得在隔天寄信给他,信中附上对那条鱼的描述和速写。

史密斯过了元旦假期之后才收到这封信,当时他大病初愈,在他终于有空看信时,他感到相当困惑。“接着我感觉就像是脑中有个炸弹爆开,仿佛影片一般,我看到一连串鱼形影像掠过我眼前,那些鱼类已经不存在于这个世上,它们生活在好几千万年前,现在只能在岩石中看到残存片段。”

史密斯马上发电报给拉蒂迈小姐:务必保留骨骼和鳃。

同时,拉蒂迈小姐已经请标本师尽可能将所有东西存留下来。

一种可能性极力扰动着史密斯的思绪,他的脑子一直告诉他,那是不可能的,但是那份速写,还有他随后收到的鳞片标本,告诉他那是一条腔棘鱼,是一种有两对鳍的鱼类,被视为和最早的四肢脊椎动物关系密切的亲戚,**而且被认定在白垩纪末期(6500万年前)就已经灭绝**。

史密斯终于有机会能当面看到那条鱼,这让他心中所有疑虑烟消云散!他写道:“我忘记所有其他的事情,只是盯着那条鱼看了又看,接着非常小心地走上前去碰触[它]。”

为了纪念拉蒂迈小姐和捕获地点附近的查鲁姆纳河,史密斯将这条鱼命名为拉蒂迈鱼查鲁姆纳种(*Latimeria chalumnae*)。隔了14年,史密斯或其他人才得以看到另一条腔棘鱼(在第二次看到腔棘鱼的时候,史密斯激动得直落泪)。近几十年来,人们抓到越来越多的腔棘鱼,包括在印度尼西亚外海发现的另外一个种。

腔棘鱼在博物学上占有特殊的地位,它是唯一存活的古生动物,身体特征与3.6亿年前的鱼类远祖相同,因此被称为“活化石”。

在这一章里,我们要探索的是另外一种化石,它们潜藏在现存物种体内,提供远古祖先及其生活方式的信息,它们就是**化石基因**(fossil genes)。

从陆地到海洋,从可见光到紫外光,从吃果实和昆虫到反刍树叶,我们已经看过物种生活方式的转变,其中包括了新基因的形成和微调。在这里,我们将会看到废弃不用的功能,它们也会在基因中留下变化的痕迹。化石基因存在于DNA中的方式,很像沉积岩中的化石,基因的内容同样会碎成一块块,并且随着时光湮灭。对DNA中的信息来说,化石基因所呈现出的重要原则是"用进废退",化石基因中逐渐衰退的内容是自然选择松弛的证据,对个别基因和个别物种而言,衰退方式都是独特的。我们将会看到,这些断编残简如何反映物种适应新生活的过程,其中也包括人类。我将从腔棘鱼的DNA和一些非常类似的化石基因开始,接着从宏观的角度提供基因化石化的一些例子。

栖息地改变和视蛋白化石基因

腔棘鱼的巨大魅力激起一波又一波探险热潮,为的是想要在这些动物的原始栖息地观察它们。在科摩多岛和南非水域的深水洞穴中,潜艇曾遇到腔棘鱼,潜水员也曾发现它们的踪迹。腔棘鱼在白天退居洞穴,夜晚则在海床缓缓逡巡觅食,在大约100米或更深的海中,腔棘鱼能看到的只有微弱的蓝光。

腔棘鱼的生活方式和独特状态,让大家对它们的视觉系统和视蛋白感兴趣。奇怪的是,它们有在微光下管用的视紫红质,却没有MWS或LWS——人类和其他鱼类辨别红绿色的视蛋白基因。在鱼类、哺乳类还有大部分的脊椎动物身上,少说都有一组这类基因,所以我们知道腔棘鱼的祖先也曾有过这些基因,也就是说,在腔棘鱼进化的过程中,它们失去了MWS和LWS视蛋白基因。这个遗失的过程引发一个问题:对某些物种来说很有用的基因,在其他物种身上为什么不见踪影?又是如何消失的?从其他正在缓慢丢失的视蛋白基因,我们可以清楚得知基因丢失的过程,而这正发生在腔棘鱼的DNA里。

腔棘鱼只有一组SWS视蛋白基因,这是可以感测到短波的视蛋白,借此,人类和鸟类看到紫色,有些物种甚至看得到紫外线。然而,腔棘鱼的SWS视蛋白基因序列中，许多内容正处于分崩离析的状态。举例来说，在DNA序列的位点200—202上，老鼠和其他物种的3个碱基是CGA，腔棘鱼则是TGA，从C变成T似乎只是一个微小的差别，在这个案例中却有莫大影响。TGA是代表“终止”的三联体，就这串SWS视蛋白基因的余留物而言，它的功能就像是终结文章的句号一般，终止了视蛋白的翻译，使腔棘鱼丧失制造SWS视蛋白的能力。这串基因序列上还有其他删改之处，严重瓦解了视蛋白的基因。腔棘鱼视蛋白基因序列破损得这么严重，不消说它已经变得毫无用处，这就是化石基因[生物学家称它们为“假基因”(pseudogenes)，但是我坚持用“化石基因”来称呼它们]。这种基因在腔棘鱼的祖先身上是有用的，不过如今已经不再运作，从残破的基因碎片中依然能将它分辨出来，但因为它已经没有用处，突变和删除的作用会继续累积，使之逐渐亡佚，最终完全在DNA中失去踪影，就像腔棘鱼的MWS或LWS视蛋白基因一样(恰似第一章中冰鱼的珠蛋白基因)。

你现在或许很想知道，为什么一个良性基因会消失。化石基因是否是一种极稀有的错误，在腔棘鱼和冰鱼这种奇异的动物身上才找得到？在我做更深入的解释之前，要先提出一个更清楚的例子。

凭借观察，我们会发现海豚和鲸与腔棘鱼一样，SWS视蛋白基因也已经成为化石基因。比如说宽吻海豚SWS基因的一个位点上少了1个碱基，在另外接近开头的位点上则少了4个碱基(图5.1)。解读基因必

海豚	TTT	*TT	CTG	TTC	AAG	AAC	AT*	***	TTG
牛	TTT	CTT	CTG	TTC	AAG	AAC	ATC	TCC	TTG

图5.1　海豚体内的视蛋白化石基因。这是海豚和牛的SWS视蛋白基因序列的一小部分。灰底区代表碱基被删除的位点(以星号标记)区，被删除的碱基破坏了海豚的基因编码。(洁米·卡罗尔制图)

须以3个碱基为一个单位,消失的碱基使该基因丢弃了原有内容的解读结果,导致该基因丧失功能。检测其他鲸类的基因便可以发现,它们的SWS视蛋白基因都产生一些变化,导致这些基因形同虚设。结论是:所有的鲸目动物都有SWS视蛋白化石基因。

所以,这里有两个关于SWS视蛋白化石基因的例子。腔棘鱼和鲸目动物之间有什么相通之处,可以用来解释它们的SWS视蛋白基因为什么退化(化石化)吗?

首先可以说,这两个例子是独立事件。我们知道这些动物在脊椎动物进化树上的位置(图5.2):腔棘鱼属于原始鱼类,是从四肢脊椎动物起源的支系分出来的。两栖类、爬行类、鸟类,还有许多哺乳类,这些四肢脊椎动物,都有着原封不动的SWS视蛋白基因,由此可见,腔棘鱼的基因退化作用是在腔棘鱼家族进化时发生的。再者,因为河马、牛这些海豚与鲸的近亲,都有功能正常的SWS视蛋白,而鲸目动物没有,所以我们可以推论:早在鲸目动物的共同祖先身上,SWS视蛋白的功能就

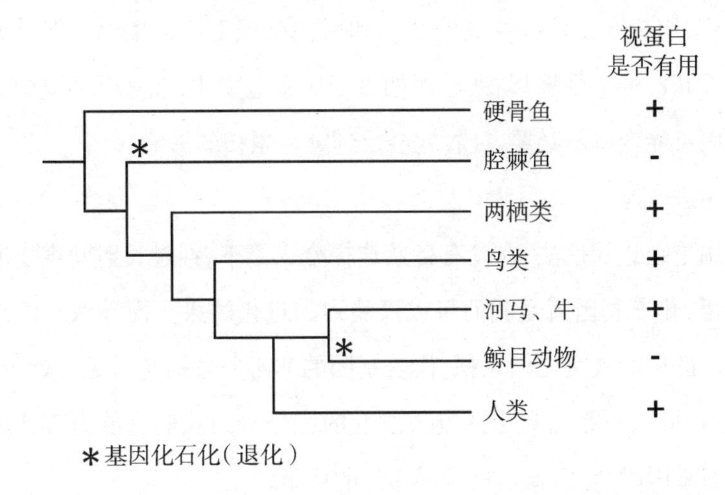

图5.2　相同的视蛋白基因经历两次化石化。在腔棘鱼和鲸目动物体内发现的SWS视蛋白基因突变,还有这些物种的进化亲缘关系,显示出SWS基因至少经历两次化石化作用(用星号标出)。(洁米·卡罗尔制图)

已经丧失了，现代鲸目动物的SWS视蛋白之所以缺乏功能，就因为它们遗传了4000多万年前的化石基因。

要解释这些基因退化的缘由，我们先要研究这些动物的生态。SWS视蛋白派不上用场，确实和这些动物的海洋生活环境有关。鲸目动物是完全的水生动物，它们属于哺乳类中唯一没有辨色力的一个目（这个目的成员只有一种视锥细胞视蛋白，大多数其他哺乳类都有两种）。从上一章我们得知，海豚适应弱光的视紫红质，已经调整到偏向光谱上蓝光的范围；腔棘鱼同样是深海动物，它们显然也用不着辨色力。就生态的角度来看，SWS视蛋白失去功能的唯一理由，就是这些动物的祖先已经不需要它了。

SWS视蛋白的非必要性，可以解释我们所看到的基因编码变动。如果这个视蛋白再也用不着，那么原先应该保存它的自然选择机制就会**放松**管理，不去修正那些破坏基因功能的突变。突变是随机过程，**所有**基因都逃不掉，大部分时候，自然选择会用竞争性的过程净化破坏性的突变，因为产生这些突变的个体和后代比较不适合生存。但是如果一个性状已经不受选择眷顾，例如由于栖息地变化，在某个环境中必备的基因可能变得不必要，接着就会受到突变累积的影响。

用进废退。

用更正式的说法，**在没有自然选择介入之下，经过长时间突变的持续作用，化石基因就是我们可以预测到的进化结果**。而导致基因内容被破坏的中断式突变的累积，代表基因的非必要性清楚可见，这样造成的化石基因，正是祖先生活方式改变的记号。当我们有能力辨认和追踪化石基因时，它们就是重建博物学的珍贵线索。

我将举出更多的例子，说明视蛋白化石基因和生活方式改变之间的关联，而后会将讨论扩展到更多基因和更多物种上。

在黑暗中生活

要解释哺乳动物祖先视蛋白基因数目的减少,以及全彩视觉的丧失,有一个主要的理论:早期的哺乳动物长得像啮齿动物,只在夜间活动,辨色力在这种生活方式中并非必要。夜行性生活方式在哺乳动物中重复进化了数次,所以要验证这个理论,以及基因退化关联着生活方式转变的一般概念,方法之一就是检视更多生活方式显著不同的物种。

举例来说,夜猴是高等灵长类中唯一的夜行性物种(图5.3),而且可以确定的是,因为突变的累积,它的SWS视蛋白基因也丧失了功能,这是根据研究得出的结果。在它编码视蛋白的60个碱基中,其中一个产生突变,使三联体从"TGG"(色氨酸)变成"TGA"(终止密码子),这又是一个与腔棘鱼雷同的案例:表示"终止"的三联体出现,对此基因剩余内容的解读亦随之终结。所有夜猴的昼行性近亲,都有着完好如初的SWS视蛋白基因,所以当生活方式转变为昼伏夜出,选择就放宽了对SWS视蛋白基因的管理,夜猴本身是一项非常好的证据。

凭借研究原猴亚目夜行性种群的视蛋白基因,我们可以找到更多夜行方式和SWS视蛋白之间的关联。原猴亚目是一种原始灵长类,其中包括狐猴、眼镜猴、丛猴和懒猴等。狐猴包含夜行种和昼行种,丛猴和懒猴则都是夜行性动物(图5.3),检验的结果显示出相同的状况:它们的SWS视蛋白基因也已经成为化石基因。每个物种的这一基因从开头就失落了一大段基因序列,使得制造视蛋白的能力被消除。既然删除的部分都在基因的同一个位置,删除的内容也基本相同,这就表示SWS视蛋白基因最初发生退化的起点,应当是在懒猴和丛猴的共同祖先身上,接着被这些物种所继承。

到目前为止的进展都不错,生存环境中亮度的变更,似乎与辨色力

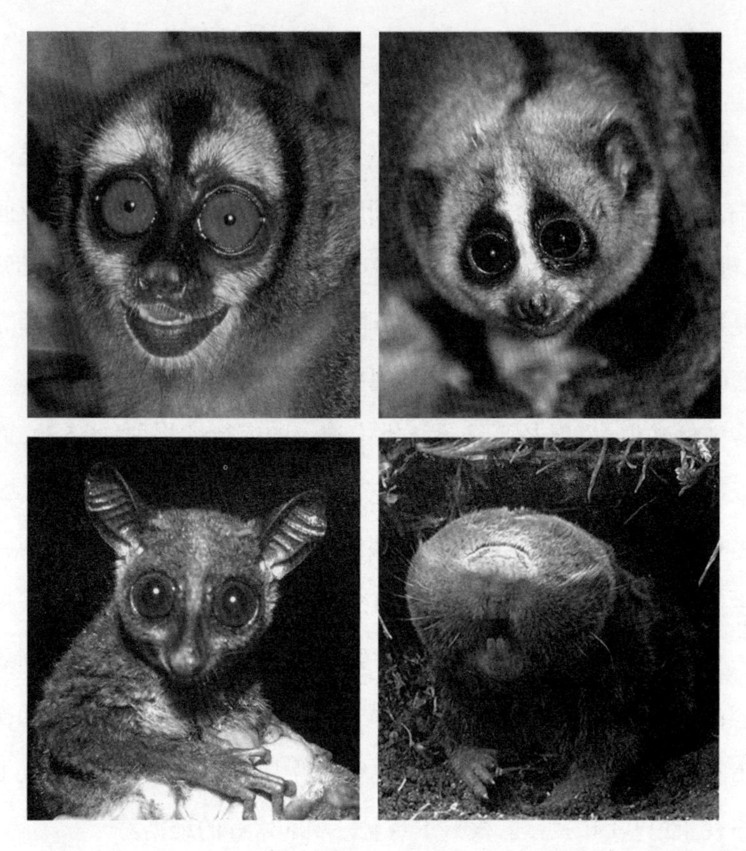

图5.3　携有视蛋白化石基因的夜行性或穴居哺乳类。夜猴[左上,格雷格·迪米金(Greg Dimijian)和玛丽·迪米金(Mary Beth Dimijian)摄]、丛猴[左下,B·史密斯(B. Smith)摄]、懒猴[右上,塔克特(Larry P. Tackett)摄,www.tackettproductions.com]和鼹鼠[右下,金奇(Tali Kimchi)摄],它们都有退化的SWS视蛋白基因,这是它们对夜行性生活或穴居生活方式做出的适应。

的丧失与否成正比。那么再做一个实验:看看往地下发展的动物吧!

鼹鼠是一种啮齿类动物,它拥有所有哺乳类中最糟糕的视力(图5.3)。化石记录说明这种动物的祖先是住在地面上的,而且视力正常。鼹鼠在生活方式上的进化,伴随着许多结构和生理上的变化。它们的眼睛相当小,实在是看不到东西,就算它们的眼睛功能正常,由于被埋在层层皮毛下,要看到什么真的很困难。然而,鼹鼠能分辨白天和黑夜,因为它们的视网膜可以感知光线,帮助它们维持生物钟,使每日的生活节奏规律化。

鼹鼠有两种完好的视蛋白基因,一种是偏红光的MWS或LWS视色素,它被调整成可以用埋在皮下的眼睛感知光线;另外一种是适应弱光的视紫红质。很明显,虽然它的视力萎缩,选择机制依然作用在这些基因上,以使生物钟得以运作。不过它的SWS视蛋白基因已经成了化石,其内包含极多突变,把制造SWS视蛋白的基因序列都破坏了。

我已经叙述了5个SWS视蛋白基因化石化的个案——腔棘鱼、鲸目动物、夜猴、懒猴和丛猴,还有鼹鼠。在每个案例中,基因的化石化都关联着物种的栖息地。在每个案例中,SWS视蛋白基因受损部分各不相同,这是事实;物种在进化树上分属不同的位置,这也是事实;加上这些动物的近亲具有功能正常的视蛋白基因,从而证明,SWS视蛋白基因化石化是独立事件,而且会因不同的突变作用,在历史长河中不同的时期一再重演。这是压倒性的证据,证实了我们的基本预测:选择对基因放松管理,会导致基因渐渐退化。再者,这些物种其他的视蛋白完好无缺且功能无误,证明基因的衰退具有高度选择性。

SWS视蛋白屡屡丧失和生活方式改变大有关系,是一个非常强烈的暗示:基因化石化是进化屡次留下的印记。现在来看看人类基因组中的化石印记如何显示我们和祖先的差异。

你闻不到吗?

我们已经看到栖息地和视觉系统之间的关系,其他的感官对动物的行为和生存也很重要,特别是嗅觉。带狗到公园里走一圈,就可以看得出来,它们的敏锐嗅觉是如何塑造"世界观"的。

许多其他的哺乳动物也都有着灵敏的嗅觉,用以觅食、寻找伴侣和幼兽,以及侦查危险。不同的气味到底是如何被感知以及分辨出来的,一直都是个谜,直到1991年,巴克(Linda Buck)和阿克塞尔(Richard Axel)发现了一个编码气味感受器(嗅觉受体)的基因家族,这项发现接着更上一层楼:在哺乳动物的基因组当中,嗅觉受体基因竟然是最大的一个基因群。以鼠为例,25 000个基因中大约就有1400个这类基因。嗅觉系统的每个受体和不同的感觉神经元连接,不同的受体相组合,可以感受不同种类的气味,某种化学"气味"是如何被感受到的,就看和其接触的受体组合。巴克和阿克塞尔破解了嗅觉基因之谜,因此获得2004年的诺贝尔生理学医学奖。

人类的嗅觉基因经过仔细研究后显示,和鼠比起来,我们的嗅觉没什么值得夸耀的,因为人类的嗅觉受体基因大半已经化石化,无法产生所有有功能的受体。人类和其他哺乳类最明显的差异,是一组由*V1r*基因所构成的嗅觉受体:鼠大约有160个正常的V1r受体,而在人类基因组的200多个*V1r*基因中,只剩下5个是有用的。我们的嗅觉受体功能已经没戏唱啦。

嗅觉受体基因化石化的惊人比例使人联想到,我们不再像老祖宗一般依赖嗅觉。两个问题随之而来:第一,我们为什么舍弃那么大一部分嗅觉受体?第二,这个进化是在何时发生的?

这两个问题的答案,凭借研究其他灵长类与哺乳类的化石嗅觉受体,可以得到线索。在以色列雷霍沃特的魏兹曼科学院,以及德国莱比锡的马克斯·普朗克进化人类学研究所,吉拉德(Yoav Gilad)和他的同事研究猿、旧大陆猴、新大陆猴,还有狐猴的嗅觉基因,并将研究结果和鼠的数据比较。他们发现,化石嗅觉受体基因的比例和完整辨色力的进化之间,呈现显著的相互关联。在缺少完整辨色力的鼠、狐猴和新大陆猴身上,大约有18%的嗅觉受体基因是化石化的;在疣猴以及旧大陆猴身上,这个数值是29%;在猩猩、黑猩猩和大猩猩身上则升高到33%;至于人类,竟然高达50%! 化石嗅觉受体基因所占的比例,在所有具备完整辨色力的物种内明显高了许多。这提示我们,三元辨色力(让一些灵长类可以用来觅食、求偶、感知危险的能力)的进化降低了物种对嗅觉的依赖度。在具有三元辨色力的物种身上,选择放松了对嗅觉受体基因的管理,因此这部分基因序列渐渐散佚。反之,在极度依赖嗅觉的物种身上,这部分基因的完整度就高多了。

在人类和其他灵长类体内,还有许多生理上、行为上和基因上的迹象,显示出对嗅觉的依赖度减弱。形似雪茄的犁鼻器位于鼻腔前端,是大部分陆生脊椎动物检测信息素的器官。同样的情况又出现了:和其他物种比起来,人类与高等灵长类的这项机能大大降低。上面提到的V1r受体对信息素的检测来说,起着关键性的作用。由此看来,我们人类似乎不像其他哺乳类那么依赖信息素,或许是因为我们的祖先在择偶和行为举止方面,更依赖视觉信号。

在人类和高等灵长类身上,犁鼻器以及V1r受体萎缩程度如此之高,可想而知,其他和传递气味信息有关的机制也会退化。这就是我接下来要提到的案例:在犁鼻器上有一个名为*TRPC2*的独特基因,它所组成的蛋白质,负责管理感觉细胞上离子的通行。鼠身上的*TRPC2*基因功能齐全,能使老鼠对信息素作出正常的反应。然而,在兼具三元辨色力与大量化石化嗅觉受体的物种,也就是人类及其他高等灵长类身上,*TRPC2*基因已经积累了一大堆突变,成为化石基因。

鼻腔内各司其职、种类各异的基因的化石化,非常显著而且有力地应验了先前的预测。也就是说,当一整个器官或是一整套功能停止运作,与之相关的负责不同步骤的各个基因,就会遭到选择抛弃,然后经历化石化的过程。犁鼻器及其部分功能的进化,建立起基因发展的可能方向:首先是不需要,继而衰退,乃至于消失。这正是我们在某些物种身上所看到的现象,有时候规模还相当大。接下来我将从其他生物界举出两个例子,它们会清楚说明,进化如何舍弃无用的部分。

用进废退

酵母和其他真菌对人类来说很重要,我们使用酵母让酒和面包发酵,真菌则是最早的抗生素来源。因为培养方便,发面和酿酒所使用的酿酒酵母多年来是实验室钟爱的实验对象。通过对酵母的研究,我们发掘出丰富的知识,包括细胞如何生长分裂、基因如何运作,以及生物的生物化学机制。

除了酿酒酵母,还有很多其他种类的酵母,在显微镜下,它们大部分看起来非常相似。然而,它们的新陈代谢,以及在不同环境中生长的能力,在各个种类之间往往还是存在一些明显的差异。它们分解各种养分的过程,通常要经由一连串依序发生的步骤,或者说**途径**。在现存的生物体内,已经被详细研究的营养途径之一,就是酿酒酵母的半乳糖发酵作用。大部分生物以葡萄糖作为能量来源,但如果无法取得葡萄糖,就得使用储存的糖(淀粉),或其他替代品。半乳糖就是酿酒酵母能够利用的替代品。通过一连串酶反应步骤,酿酒酵母能将半乳糖转化成可使用的葡萄糖,这些步骤需要4种由不同基因编码的酶;再者,为了保证酵母只在有需求且半乳糖也就近可得时才制造这些酶,另有3种蛋白质监控着酶的制造。总而言之,在酿酒酵母中,共有7个基因负责半乳糖分解途径的运作。

酿酒酵母的大部分近亲都能够利用半乳糖,唯一的例外是一种库德里阿兹威酵母(试着把它的拉丁文学名*Saccharomyces kudriavzevii*很快地念个几次),这是在日本的枯叶上找到的,那可不像是酵母居住的场所——在天然状态中,多数酵母都生长于糖分丰富的环境。希廷格(Chris Hittinger)是我的研究生,他研究库德里阿兹威酵母的半乳糖分解途径上的7个基因,很快就发现这种酵母不能利用半乳糖的原因:这些基因已经被破坏殆尽。由于基因序列丢失,这7个基因出现各式各样的缺陷,破坏了基因内容的完整性。

在库德里阿兹威酵母的DNA内,这7个基因与邻近的基因比起来,有着相当大的差距,邻近基因完好无缺,就跟它们在酿酒酵母等其他种类酵母内呈现的状态一样。如果把基因序列想象成一大段文字,再来看库德里阿兹威酵母内每一个半乳糖分解基因的原文,会发现好几处的文字都被擦掉了,但是在半乳糖分解基因的前后,组成其他基因的段落都没有被动过。这个模式显示出,基因化石化的精确性何等细致。再也不需要、再也不使用的基因会累积突变,但隔壁的有用基因会完整保存下来。关于自然选择是如何维护需要的基因,同时将不需要的基因弃置不顾的,库德里阿兹威酵母基因的命运做了示范:这种酵母以其他种类的糖维生,半乳糖分解途径因为再也不需要而停用;失去自然选择的持续监督,半乳糖基因无法排除突变,于是它们化石化,并逐渐消失。

这7个功能相关基因的选择性衰退是极佳范例,显示了有相当大量的基因如何被自然选择遗弃。但和一些微生物比起来,它们的遭遇可要相形见绌了,例如导致麻风的病原体——麻风杆菌(*Mycobacterium leprae*)。

对麻风杆菌的基因组测序显示,其基因组包含约1600个功能基因,以及将近1100个化石基因——这么壮观的数字,远超过任何其他的已知生物。麻风杆菌和引发肺结核的结核杆菌(*Mycobacterium tuberculosis*)同在一个属,亲缘相近,但是结核杆菌大约拥有4000个完整的、有功能的基因,化石基因只有6个。两相比较下显示,在进化过程中,麻风杆菌大约有2000个基因消失或是化石化。这两种生物之间基因数目的悬殊,作何解释呢?

麻风杆菌的生活方式和它的表亲很不一样,它只能活在宿主的细胞中,更准确地说,它活在巨噬细胞上,并感染周围神经系统的细胞,其破坏力最终造成麻风的典型生理缺陷症状。所有细菌中,它生长速度最慢(它分裂一次大约要耗费两个星期,而大肠埃希菌每20分钟就能分裂一次)。纵使努力多年,我们仍旧无法在实验室中培养麻风杆菌。生活方式的专一性,使得它的多种新陈代谢过程都依赖宿主,当宿主细胞基因努力工作时,自然选择就放弃维持麻风杆菌的许多基因。这种大规模的基因退化,同样发生在其他寄生虫和病原体身上。功能基因大量消失的物种所揭示的是,顺应物种生活方式的转变,全体基因中有很大一部分会变得可有可无。

物种身上的个别基因、主导某个途径的整套基因或大量基因群的化石化,对它们后代未来的进化而言,影响至巨。基因的衰退基本上就是缺陷的累积,一旦发生就难以逆转。也就是说,基因功能丧失是一条单行道,失去的功能再也不会回来,就像新品种的冰鱼身上不会有血红蛋白,库德里阿兹威酵母的后代再也无法利用半乳糖。基因的化石化或消失,都限制了未来的进化方向。

自然选择的监督作用只发生在当下,这一事实制定了一项绝对准则:用进废退。换言之,自然选择无法未雨绸缪。这项准则有其劣势,那就是假如环境改变,即使经历漫长岁月,失去特定基因的物种也无法取回这些基因以适应新环境,这或许是物种存续或灭绝的重要因素。记住,生物学家认为,曾经存在于地球上但现在已经灭绝的物种超过99%。

孰因孰果

化石基因的普遍性,为观察进化过程提供了新而有力的方法。然而,它也引起有关因果的问题:基因化石化是在自然选择作用下造成进化上变化的原因,还是基因化石化是进化的结果——因为自然选择要塑造出其他的性状,所以会有基因化石化这个副产品?答案看起来两者皆是,要看具体情况如何。我将深入探索这个议题,并以最近发现的化石基因为证。它们出现在一种开花植物及人类身上,一为因,一为果,是很恰当的例子。

在植物中,花朵的颜色多半是用来吸引传粉媒介,尤其是蜜蜂和鸟类。依赖传粉媒介的物种身上有许多案例,详尽记录着进化的变迁。可以想象的是,气候和传粉媒介对于花朵颜色有很大的影响。再者,虽然蜂鸟和蜜蜂是花蜜供给的对象,但其他害虫也可能会染指花朵,于是选择便作用在花朵其他结构的特征上,将它调整为适合不同的传粉媒介。举例来说,靠鸟类传粉的植物倾向产生大量花蜜,并有着比较窄的花粉管;而靠蜜蜂传粉的植物花蜜量比较少,花粉管也比较宽。

番薯属(*Ipomoea*)牵牛花的花朵自古以来便是蓝色或紫色,这类植物一向是由蜜蜂传粉,但另外一种称为茑萝(*Ipomoea quamoclit*)的品种有着红色的花瓣,并且由蜂鸟传粉,红色似乎是为了吸引蜂鸟注意所做的调适。

番薯属植物身上的一个酶反应途径控制花朵的颜色,利用相同的前体,不同的酶能够制造蓝紫色或红色的色素,以产生蓝色、紫色或红色的花朵。最近,杜克大学的祖费(Rebecca Zufall)和劳舍尔(Mark Rausher)证明,在红色的茑萝身上,制造蓝/紫色色素的途径已然退化,一种用于产生蓝/紫色色素的酶完全消失,还有一种酶转变成只能用于合成红色色素,而无法合成蓝/紫色色素。

红色花朵是一种适应性的进化，对番薯属植物而言，此种进化大致上直接归因于这两种酶的转变，所以在这个例子里，基因丧失功能似乎是进化的原因。自然选择可能偏好红色，宁愿使有助于蓝/紫色的酶失效，目的并不是为了创造其他性状。

然而，在更多情况下，基因的失活和化石化像是自然选择放松管理的结果，无用的基因是一连串转变之下的产物，大概就像前面提到的视蛋白基因，或人类在和黑猩猩分道扬镳后特别发展出来的化石基因。

在人类中发生化石化的基因称为*MYH16*。在人类体内，*MYH16*的基因序列被删去了两对碱基，使得这组基因无法被正确解读（图5.4，被删除的部分用星号标记），而大猩猩、黑猩猩、猩猩、猕猴的这组基因都是完好无缺的。

人类	ATG	ACC	ACC	CTC	CAT	AGC	**C	CGC
黑猩猩	ATG	ACC	ACC	CTC	CAT	AGC	ACC	CGC
大猩猩	ATG	ACC	ACC	CTC	CAT	AGC	ACC	CGC
猕猴	ATG	ACC	ACC	CTC	CAT	AGC	ACC	CGC

图5.4　人类肌肉基因化石化。这里是*MYH16*基因序列的一小部分。人类的这组基因被删去了两对碱基（以星号标示），破坏了基因编码，这造成我们人类的两块咀嚼肌缩小，而在人类的亲戚猿身上，咀嚼肌是很巨大的。[洁米·卡罗尔制图，参考H. H. Stedman et al. (2004), *Nature*, 428:416。]

在其他灵长类身上，MYH16蛋白是在肌肉束内制造的，特别是在颅骨两侧太阳穴周围的颞肌里。猿咀嚼食物时，强健的颞肌让巨大的下颚得以大幅度活动，和它们比起来，人类的颞肌尺寸大打折扣。MYH16蛋白是一种肌球蛋白，组成肌肉的巨大纤维，使肌肉强健有力。人类颞肌的肌肉纤维比其他灵长类的要小，所组成的肌肉也小得多。

左右肌肉和肌纤维大小的蛋白质发生突变,颞肌在进化上改变,两者之间的关系让人不禁要问:是突变造成肌肉退化,还是其他原因引起的肌肉退化导致突变?这就很难说了,我们可以思考一些额外的证据来衡量备选解释。这类蛋白质产生的突变,会对肌肉产生严重的影响:如果一个有巨大下颚的灵长类(如猩猩或人类的祖先)突然失去颞肌,它将无法咀嚼。为了要让MYH16蛋白的突变有机会登场,我们就不能假设颞肌是突然消失的。我想,*MYH16*基因的化石化比较类似冰鱼血红蛋白的故事——也就是说,肌肉的退化是由其他遗传途径所导致,而*MYH16*的化石化,应该是比较晚近的事件,发生在该基因变得可有可无之后。

化石基因是推翻“进步”和“设计”说法的证据

这一章提到的例子,无论是古老的鱼类、漂亮的海豚、色彩缤纷的花朵、下颚纤细的人类、简单的酵母,还是盲眼的穴居啮齿类,都在证明适者的形成过程未必皆是由低到高、由少到多。现今物种不见得比它们的老祖宗还要装备齐全,它们通常是增加了一些DNA编码,不过就像我在本章中不断提及的,它们往往也失去一些——甚至是许多——基因和能力。

要驳倒“设计”物种或有意图地塑造物种这类学说,基因的化石化和消失就是有力的论证。以麻风杆菌为例,我们无法看出这个病原体是被设计出来的,更甚者,我们可以将这个生物视为分枝杆菌的劣化版本。分枝杆菌也带着上千组支离破碎、无用的基因残骸,那是来自祖先的遗迹,和人类一样——人类祖先一度有着敏锐的嗅觉,而现在的人类所具有的只不过是嗅觉系统的残骸罢了。

如果自然选择不像工程师或设计师,它只作用在当下,那么物种的

DNA得失的过程,就是我们应该料想得到的。自然选择不能保存不被使用的部分,也不能计划未来,在自然选择无所作为时,基因化石化或消失正是我们预知会产生的结果。经过长时间的进化,偶然发生的突变会累积起来,最后把用不着或不必要的基因内容整个破坏掉。

此外,基因化石化重复发生在完全不同类群的动物祖先身上,这是一个有力的证据,可以证明当自然选择对某个性状放松管理,同样的事件会在DNA中重现。本章提到过SWS视蛋白基因,它独立发生的化石化现象会重演,这正是针对上述原则的深刻范例。这同时也是对下一章内容的预告:关于进化的可预测性和可重复性,还有进化本身重演的众多惊人案例。

第六章

似曾相识：进化是如何不断重演的？为什么？

在漫漫时光中，命运恣意横行，数不尽的意外发生，这没什么好奇怪的。如果世间之事够多够繁杂，命运就能轻易罗织各式相似的事件。

——普卢塔克(Plutarch)，

《塞多留的一生》(*Life of Sertorius*)

▲
哥斯达黎加吼猴。[霍尔特(Steven Holt)摄]

水上飞机在转向内陆前,掠过哥斯达黎加绿意盎然的海岸线,接着完美降落在里奥谢尔佩附近的简易机场。我们挤进一辆面包车,一路穿过棕榈树丛来到河边,跳上一艘船顺流而下,两岸极目处,都是浓密的红树林,这条宽广的河流最后注入太平洋。我们穿越河口处的浪涛,登上位于奥萨半岛的科尔科瓦多国家公园海岸,这里是中美洲现存的大片自然景观之一。历经漫长壮丽的旅程,我们都精疲力竭,当晚便在安静的雨林中落脚。

我们恬静的睡眠被"清晨合唱"打断—— 一群在树冠间跳跃的吼猴,发出低沉的吵闹喉音,还真是个"宁静"的大自然啊!

这些吼声可在5千米外听到。吼猴有较大的喉咙,以及非常宽阔的喉头,让它们可以将自己的位置告知附近及位置稍远的同伴(还有游客)。吼猴的叫声很独特,它们还有另一项能力为卷尾猴、松鼠猴和其他新大陆猴所不及:吼猴拥有完整的三元辨色力。

我们从吼猴的DNA中可以看出,它们得到这项能力的方式和旧大陆猿、猴类似,但发生时间不同,是完全独立的事件;吼猴也和其他有三元辨色力的灵长类一样,以各种嫩叶维生。猿、猴进化的重复独立事件可不止这一桩,吼猴和它非洲及亚洲的表亲一样,嗅觉受体基因化石化的程度超过新大陆的近亲,它们同样用嗅觉换来辨色力。

实在令人震惊。

吼猴的辨色力、食叶习性、嗅觉退化等方面的进化,比亚洲、非洲的猿、猴晚了2000万到2500万年才在新大陆上发生。我们由这些灵长类的发展史可以知道,类似的情形会在世界不同的角落、不同的时间,发生在不同的物种身上。

有一种在自然界中广泛发生的现象称为趋同进化(convergent evolution),吼猴是这种现象的典型范例:在各种动物身上,类似性状均独立发展而来。举例来说,企鹅、海豹和海豚的鳍都是用来游泳的,但它们是分别从不同的无鳍祖先进化而来的。翼龙、鸟类和蝙蝠的翅膀也属于趋同进化,鱼龙和海豚、蛇和蛇蜥亦然——它们都有类似的形貌。以上所举只是少数几个例子。趋同进化的广泛性告诉我们,当外界环境发生类似的转变,物种往往会找到类似的"出路"来适应环境。

但仔细观察,许多趋同的形态结构其实来自不同的进化方式。鸟类、蝙蝠和翼龙支撑翅膀表面的前肢结构各异,因此它们的翅膀分属不同的架构。从DNA来看,这种结构细节上的差异,源自不同基因的进化。接下来我将会叙述其他范例,是什么令吼猴及这些例子如此值得注意?因为这些事件发生在不同物种的相同基因上,有时甚至是在相同的DNA编码中。我们已经在第四章看过进化重演的例子,鸟类的短波视蛋白在紫外光视觉的进化方面,一样的过程至少发生了4次;在第五章中,我描述了5种动物,在它们身上,同一个视蛋白因突变与化石化而失活。这些案例有其权威性,它们是进化重演最深刻、最基本的证据。

它们只是冰山一角。

在这一章,我将会举出更多更棒的例子,显示进化过程如何重演。其中有几个适应过程是我们在前面看到的——反刍动物获得新的胰酶、冰水鱼类发展出抗冻机制、酵母失去半乳糖分解途径。我还会介绍一些新的性状,如或黑或白的体毛,这已经在众多不同的物种身上重复进化过,进化方式彼此近似。自然选择借DNA的变异而运作,塑造了物种的进化过程。在不相干的物种身上出现的类似的进化方式,为以上观点提供了压倒性的证据。

自然的可重复性让人心生好奇:进化是如何重演的?又为什么要重演?本章稍后会有解释,答案就在机遇、时间和选择之间的交互作用,以及针对DNA和自然事件频繁度的数学运算中。重复发生的事件和解释这些事件的数据,会让你大大惊奇,同时对本书的关键概念有更透彻的了解。

为了了解进化的趋同性是如何显现的,我们先从吼猴开始:仔细研究吼猴,回答我们如何确知吼猴的性状是独立发展的。

有三元辨色力的猴再现

在针对新大陆猴的大规模研究中,吼猴的全彩视觉是一项很让人诧异的发现。原则上来说,吼猴和旧大陆猿、猴都有这项能力,这有两种进化上的可能性:第一,吼猴是从和旧大陆猿、猴的共同祖先身上得到这项能力的;第二种可能性,就如我方才揭示的,吼猴的视觉进化和旧大陆猿、猴的视觉进化,是两个独立事件——这是正确答案。

我们怎么知道后者是正解呢?

如果两个物种有某个相同性状,我们可以由它们在进化树上的亲缘关系,来分辨这个性状是来自共同祖先,还是独立事件。在进化树上标出某个性状存在与否,就可以看出这个性状在进化史上的分布情形,树形图上的每一个分岔点,都代表一个共同祖先。如果在同一个分支上的物种都有某个性状,它们的共同祖先很有可能就带有那个性状(图6.1A)。换言之,如果在连接两个物种的分支上,其中一个物种缺乏那个性状,那么此性状就应该是独立进化出来的(图6.1B)。

现在来看看图6.2上旧大陆和新大陆的灵长类谱系(这是依照短散布元件、长散布元件,还有其他DNA序列所列出的图表),这个谱系显示,和吼猴亲缘最接近的灵长类是其他新大陆猴,它们都没有全彩视觉。可能新大陆猴的共同祖先有全彩视觉,但除了吼猴之外,其余的后代都失去了这项能力,这在理论上是说得通的。如果是这样的话,那就

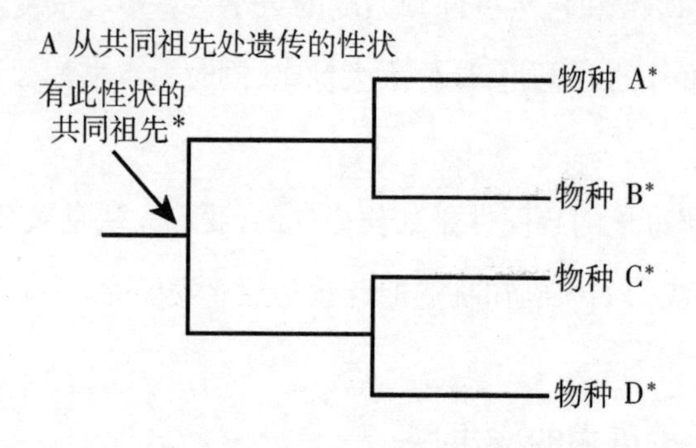

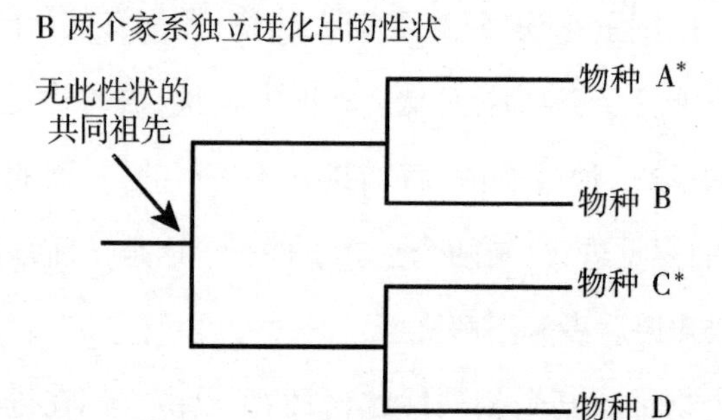

图6.1 相同性状的不同进化过程。物种有相同性状(以星号标示),可能是因为它们的共同祖先有此性状(A),或是它们从共同祖先分化出来后,各自独立发展出此性状(B)。(奥尔兹绘)

是—— 一得而众失。另外一个比较简单的进化途径是:吼猴从只有二元辨色力的祖先进化而来,自行得到全彩视觉。

我们很幸运,除了解读进化树之外,还有其他方法可以找出这个事件的真相:基因重复在DNA中留下进化的轨迹。检验旧大陆灵长类、吼猴和其他新大陆猴的视蛋白基因序列,线索就在其中。很明显,旧大陆灵长类和吼猴的视蛋白基因重复是彼此不相干的事件,因为DNA所重复的区域的大小不同。在旧大陆灵长类中,除重复产生的两组视蛋白基因,在基因编码区之外有236对碱基也相同。紧邻基因的序列相

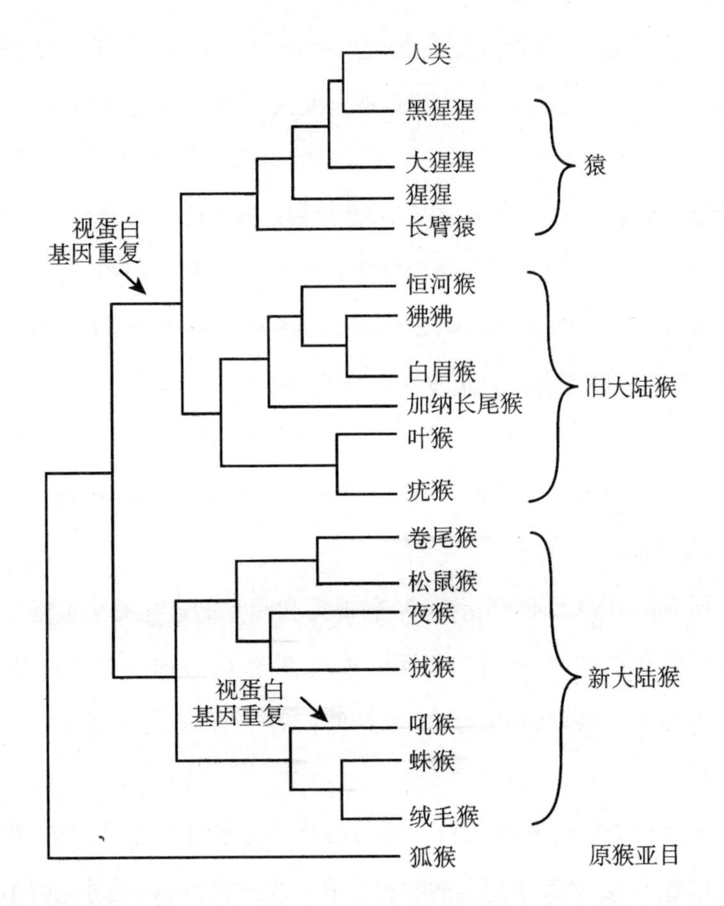

图6.2　全彩视觉在灵长类中进化了两次。根据色彩视觉的分布和灵长类进化的亲缘关系,我们可以发现灵长类色彩视觉进化了两次(箭头处):一次是在猿和旧大陆猴的共同祖先身上,一次是在吼猴身上。[改编自:Gilad et al.(2004),*PloS Biology*, 2(1):e5。]

同,表明旧大陆猴MWS视蛋白基因产生时,这相邻的236对碱基也一起被复制。但是吼猴身上,与重复基因紧邻的相同序列更长,与这项证据能够相容的解释是:吼猴视蛋白基因重复的进化,是独立于人类祖先基因重复之外的事件。

另外一项佐证来自这两组重复基因序列的差异程度。在重复事件发生之后,突变会不断发生,每组基因的每一个副本都会累积变化。重复事件发生愈早，两组重复基因之间的差异就会愈大。在旧大陆灵长类身上，两组视蛋白基因之间的差异度大于5%，但吼猴的只有2.7%。也就是说，吼猴基因重复事件发生比较晚。这项结论也符合地质证据，因为新大陆猴的独立进化，是在南美洲和非洲大陆分离之后才发生的。

吼猴视蛋白趋同进化的程度不止如此。让我们回想一下：全彩视觉需要将视蛋白微调至不同波长，而MWS和LWS色素基因上的3个位点，能决定两种视蛋白对光波感知范围的差异。吼猴的MWS和LWS蛋白的波长，甚至在这3个关键位点上的氨基酸，都被调整得与人类和其他旧大陆灵长类一样。也就是说，发生在吼猴"新"MWS视蛋白上的进化，和旧大陆灵长类的一模一样。

所有的DNA证据都指出，吼猴视觉和嗅觉的进化完全追随旧大陆灵长类进化的脚步，视蛋白基因的重复、视蛋白关键位点的微调、嗅觉基因的退化，都以同样的顺序、同样的内容重演，只是两者相隔了数百万年。

从灵长类的色彩视觉和一些鸟类紫外光视觉的趋同进化，我们多少可以看出：亲缘关系较近的物种会有类似的特征，趋同进化则不仅限于此等"表亲"。想想深海鳗鱼和苏氏喙鲸的视紫红质进化吧（见第四章），它们的基因也是在同样的3个位点上产生进化。众多的物种、不一样的基因，相同的故事一说再说。

视蛋白的进化史带来一个问题：不同物种借DNA上相同的进化途径发展出类似性状，这种事件的发生率有多高？来看看另外4个案例，就知道答案了。

相似的方式导出相似的结果

早在疣猴进化出前肠以及使树叶发酵的能力之前，其他物种的祖先已经发展出这项能力,那就是牛、绵羊、山羊等。猴和牛的反刍功能进化过程中,可有任何相似之处? 当然有。

疣猴发展出的适应能力之一,就是能产生由胰腺分泌的、具专一性的核糖核酸酶,它能够分解树叶和细菌的养分。一般的核糖核酸酶,其基因经历重复和调整之后,进化成可制造出这种独特的消化酶的基因。在牛身上,同样的基因也经过重复和微调,以便适应肠道中的环境。我们知道这是两个独立事件,因为所有反刍动物都有重复的核糖核酸酶基因,但牛的近亲,如河马和海豚,以及疣猴的亲戚,基因都没有重复的现象,所以这两种反刍动物不可能来自共同的祖先。

再者,非洲疣猴并不是唯一会反刍的猴,在亚洲有另外一种猴也进化出反刍能力。分布在越南、老挝、柬埔寨和中国的白臀叶猴(彩图L)是濒临灭绝的物种,它们也有重复的核糖核酸酶基因。密歇根大学的张建智发现,核糖核酸酶基因的重复在不同的时间发生过,并且产生的核糖核酸酶基因数量不同(非洲3个,亚洲2个)。总之,核糖核酸酶中,有一些完全相同的变化随之发生,要说这些在不同猴身上的变化纯粹是巧合,实在是不太可能。更确切地说,这些猴朝同一方向的变化,是自然选择在进化史上留下的轨迹,经过自然选择的调整,消化酶更能适应猴前肠的酸性环境。

基因的化石化和消失同样也会重复发生。上一章描述过库德里阿兹威酵母的7个半乳糖代谢相关基因是如何全面丧失功能的。还有另外3种酵母,它们分别归于不同的"属"并在数百万年前就已经分化,却同样失去了分解半乳糖的基因,因此无法利用这种糖。从酵母的进化关系来看,我们可以肯定地说,丧失这些基因的进化至少发生过3次,每次自然选择都放松管理,任由基因衰退,直至被抹除。

自然选择放松管理的现象,也可以套用到穴居动物性状的进化重演上。例如,有多种鱼住在洞穴里,它们失去眼睛和体色;这些鱼分属许多科,而它们各自所属的科里,也有生活在水表面、有眼睛的物种。丧失眼睛和色素的事件,很明显曾经重复发生。相似的外表是否起因于更深层次的共通原因?穴居鱼类带给我们一个寻求答案的好机会。

哈佛医学院的普罗塔斯(Meredith Protas)和塔宾(Cliff Tabin)、马里兰大学的杰弗里(Bill Jeffery)与其他研究人员,最近正埋头于墨西哥丽脂鲤(*Astyanax mexicanus*)的白化现象(图6.3)研究。这种鱼和锯脂鲤(俗称食人鱼),以及色彩斑斓的霓虹脂鲤(俗称红绿灯)同目,但是在墨西哥,大约有30种穴居种群失去身体的颜色。研究人员发现,其中两种穴居鱼,由于同一色素基因的部分DNA编码被删除而失效,但两者删除情形并不相同。也就是说,各种穴居鱼类失去颜色的事件,是相互独立的。

穴居鱼的白化现象可用自然选择对它们的体色放松管理来解释:在黑漆漆的地方,谁管你长什么样子?但是在许多动物身上,体色对择偶、避敌,还有其他与性选择和自然选择有关的行为来说,是很重要的。黑色是最常见的体色,许多物种的皮毛、鳞片或羽毛,或多或少都有黑色。同一物种之中有些微小变化也是很常见的,性别不同、种群不同,黑色的比重也随之改变。大致而言,在脊椎动物身上,自然选择或性选择所操作的都是同一个基因。

举例来说,雪雁可能是白色的,或是"蓝色"的,后者之所以呈现蓝色,是源自它们羽毛中的黑色素(彩图M和N)。颜色不同,致使分布不同,蓝色的雪雁大多分布在加拿大东部,而白色的雪雁则大多分布在西伯利亚东部。不同的羽毛颜色对择偶来说很重要,小雪雁看着它们父母的毛色长大,日后也会选择有同样颜色的伴侣。负责控制这两种毛色的基因只有一个,叫做黑皮质素1受体(melanocortin-1 receptor)基因,

图6.3　盲眼穴居鱼类的白化进化。栖息在水表面的墨西哥丽脂鲤外表正常,但这种鱼的穴居种群,如莫利诺洞穴和帕琼洞穴中的种群,进化出盲眼和白化,它们的突变都发生在同一组基因上。(哈佛医学院普罗塔斯和塔宾惠允使用)

简称*MC1R*基因。白色雪雁和蓝色雪雁的*MC1R*基因，只在编码蛋白质第85位氨基酸的一组三联体上出现差异。

其他鸟类*MC1R*基因的序列和毛色也对应得天衣无缝。黑色的蕉森莺和黄色的蕉森莺相比，*MC1R*基因只有一处变化，这个产生变化的位点不同于雪雁。再说第三种鸟类——贼鸥（彩图O），它们的毛色或深或浅，如此差异也是由*MC1R*基因所左右，至于位点又不一样了。对贼鸥来说，羽毛的颜色是受性选择控制的，影响亦及于择偶。蓝白细尾鹩莺毛色戏剧性的变化，同样由*MC1R*基因决定（彩图P和Q）。

作为体色进化的主角，*MC1R*基因的任务不仅限于鸟类。橙色或黑色之于美洲豹、黑色或白色之于北美洲西部的棕熊、深浅对比之于各种蜥蜴，都是源自*MC1R*基因的变化，驯养的狗、猫、马毛色之变化多端也是如此。

在自然环境中，关于*MC1R*在进化上所起的作用，最著名的例子是美国西南部沙漠的小囊鼠。这种体色深浅有别的鼠在第二章已经上场，我用它们来说明突变、选择和进化时间的交互作用。在亚利桑那州和新墨西哥州的沙漠与黑色熔岩上，不同的毛色会配合不同的环境背景，构成保护色。亚利桑那大学的纳赫曼、胡克斯拉特（Hopi Hoekstra）和他们的同事证实，在此区域里，深色鼠和浅色鼠的MC1R蛋白有4处不同。令人关注的是，深色小囊鼠和贼鸥一样，在第230位点产生同样的变化。所以，在鸟类、爬行类和哺乳类的某些物种身上，不仅是由相同的基因负责体色进化，有些时候，*MC1R*基因还会在不同的物种中出现相同的变化。

像这样的精确重演现象，还可以举第二个例子：美洲山猫和狮面狨。深色的美洲山猫在*MC1R*基因上，有24个碱基被删除；深色种狮面狨也有同样的情形，以至于它们的躯干全黑，与其他的狨猴不同（彩图R）。

哺乳类的反刍功能、酵母的半乳糖分解机制、穴居鱼的白化,还有各种动物偏黑的体色,在个别基因的基本层面上,都验证了进化的可重复性。

在我提到的视蛋白基因趋同进化的例子中,进化重演就发生在同一对碱基上,不过其他性状的进化通常不是如此精确。针对核糖核酸酶和MC1R蛋白的生物化学研究指出,蛋白质有很多不同的位点能被改变,用以产生功能相似的性状。

视蛋白进化重演的位点很精确,其他蛋白质则不甚精确,两相对比,明白显示一个事实:某些"问题"(要适应的环境)有很多种解答,某些则可能就只有唯一或少数答案。视蛋白基因的结构就属于后者:选择在几个关键位点上的作用力特别强,因为只有这些位点的氨基酸调整了视色素的波长。核糖核酸酶和MC1R蛋白的结构和活性就比较能够通融,有多种方式可以改变。换句话说,要达到同样的效果,有些DNA上的改变用不着依循同样的路线。

也就是说,有些性状的趋同进化可以源自完全不同的遗传起点。

殊途同归

南极鱼类体内的关键机制之一是抗冻剂,由蛋白质组成。抗冻蛋白夹带着重复结构,由3个氨基酸组成,通常是苏氨酸—丙氨酸—丙氨酸,或苏氨酸—脯氨酸—丙氨酸,这段重复的内容来自消化酶的部分序列。抗冻蛋白的来源可以由其非编码序列,追溯到消化酶,因为与抗冻蛋白基因相邻的序列,和与消化酶基因相邻的序列非常相似,所以很明显,抗冻蛋白基因及其周围的序列来自消化酶及其周边序列。

北极鱼类同样能在冰冷的水中生存,它们血液和组织里也有抗冻蛋白,同样由苏氨酸—丙氨酸—丙氨酸,或苏氨酸—脯氨酸—丙氨酸的重复序列组成。最简单的解释就是,南极鱼类和北极鱼类从它们的共同祖先处得到抗冻蛋白。

但是,在这个案例中,抗冻蛋白的相似结构欺骗了我们。

在北极鱼类和南极鱼类身上,抗冻蛋白进化的方式和时间都不同。证据很多:第一,在鱼类的进化树中,南极鱼类和北极鱼类的亲缘关系遥远,它们分属不同目;第二,大约在1400万到1000万年前,南极海域的水温就降到了冰点,北太平洋和北大西洋结冻的时间则晚得多,大约是在250万年前,可见两者的抗冻蛋白是分别进化出来的。南极鱼类是否会迁移到北方,进化成北极种呢?当然,也不能忽略此种可能性,但我们可以通过追踪抗冻蛋白DNA的变化轨迹来排除这个设想。

有两条关键线索显示,北极鱼类的抗冻蛋白来源和南极鱼类不同。首先,两种鱼类的消化酶基因全无相似之处,而南极鱼类的抗冻蛋白正是消化酶基因进化而来。第二条线索更具有决定性:两种抗冻蛋白的制造程序完全不同。南极鱼类重复的苏氨酸—丙氨酸—丙氨酸或苏氨酸—脯氨酸—丙氨酸,被另一组序列(亮氨酸—异亮氨酸—苯丙氨酸)隔开,形成许多大片的区域,这些起分隔作用的序列,让蛋白质变成更小的抗冻蛋白短肽。在北极鱼类身上,这些分隔序列完全不同,来自不一样的酶。南极鱼类和北极鱼类的抗冻蛋白虽然其中的抗冻蛋白短肽非常相似,但置入的分隔序列不同,所以它们的来源不同。这两类抗冻蛋白只是相似,而非同源。

南北两极鱼类抗冻蛋白的趋同进化,是自然选择为了避免这些鱼结冻而产生的作用。更深入的研究显示,抗冻蛋白的运作方式是吸附冰晶,阻止它们生长。这些蛋白质用苏氨酸连接糖类,而糖类在与冰晶的交互作用中,扮演着很重要的角色,简单重复的苏氨酸—丙氨酸—丙氨酸结构，最适合与有规律地重复的冰晶结构相互作用。南极鱼类和北极鱼类在进化上殊途同归，说明要组合出重复的基因序列与抗冻蛋白，方法不止一种。

不同来源的抗冻蛋白，彼此间有显著的相似度，这引发一个问题：要具备类似的功能，分子结构是否一定要相同？

要解开这道谜题，我先跟大家玩个游戏。下面是自然界中的4组蛋白质序列，仔细观察这些序列（用20个氨基酸的缩写字母表示）。

1. VCRDWFKETACRHAKSLGNCRTSQKYRANCAKTCELC
2. ZFTNVSCTTSKECWSVCQRLHNTSRGKCMNKKCRCYS
3. CRIONQKCFQHLDDCCSRKCNRFNKCG
4. ZPLRKLCILHRNPGRCYQKIPAFYYNGKKKQCEGFTWS
GGCGGNSNRFKTIEECRRTCIRKD

看出什么相似之处吗？

没有？

没关系，我也看不出来，但是它们之间确实有相同的地方。

这里有一个线索：第四组蛋白质来自蛇。我一直都对蛇很有兴趣，在旅行中一有机会，我就会寻找特殊的蛇种。这组序列来自唯一一条真的吓到我的蛇：那一回我在肯尼亚造访巴林戈湖附近一个小型的爬行动物展览会，有一名工作人员欣然展示一条黑曼巴蛇，这条蛇长达3米，动作迅速灵活。我试着退得远远的，他却不断把它凑近。

我和他都没有时间去想他是不是犯了错。黑曼巴蛇能在30分钟内置人于死地，它的毒液中含有强效的神经毒素（就是以上第四组序列）。神经毒素能阻断钾离子通道，这种通道对神经和肌肉间的信号传递很重要，当它们的功能被阻断，神经和肌肉的功能也跟着被破坏。被黑曼巴蛇咬伤的人，多半会有神经和肌肉失调的症状，如果不医治，就会死于呼吸衰竭。

以上其他3组蛋白质也是毒液中的钾离子通道阻断剂，接下来就是让人惊讶的部分：第一组蛋白质来自海葵，第二组来自蝎子，第三组来自一种海蜗牛，这些动物及黑曼巴蛇都分属不同门——海葵属刺胞动物门，蝎子属节肢动物门，海蜗牛属软体动物门，而蛇属脊索动物门。它们毒液中的毒素是各自独立进化出来的，其分子针对结合和阻断猎物钾离子通道方式的差异而有所不同。不同的来源，不同的分子结构，同样能达到致命的目的。

本章及前几个章节中，已经出现过好些进化重演的神奇案例，希望这些案例及上文中毒素的进化能令你印象深刻，甚至目眩神迷。它们是进化在自然环境中如何运作的最佳示范，其特殊之处来自两个因素——重复和细节。

有一句古老的拉丁格言如是说：repetitio est mater doctrinae——重复是学习之母。在教育方面，这是真理，对科学而言亦然。许多个案告诉我们，物种为了适应环境而发生进化，一旦类似的外力再度产生，相似的结果便会再度出现。进化的确是可重复的。

到目前为止，我叙述进化的重演现象时，一直把焦点放在它“如何”产生——类似的适应行为如何发生，或者性状如何失去。但还有一个问题，就是“为什么”——为什么进化可以重演呢？答案来自三个主要的元素——机遇、选择和时间，还加上我们在第二章学到的简单数学运算。这个数学运算现在看起来有点复杂（或许一开始就很复杂了），但这三个元素的交互作用，以及它们对DNA的影响，能够告诉我们为什么同样的事件会一再发生。

机遇、需求和适者的造就

在第二章提到进化的关键成因时,我们还无法看到进化在DNA上留下的轨迹。现在我们已经知道,视蛋白、核糖核酸酶、*MC1R*、半乳糖消化酶等基因的进化,都和进化重演有关。DNA篇章中的个别要素,是物种最基础水平的信息,通过对它们的研究,第二章里"仅仅是"理论的东西,现在已经变得具体。

这一章的内容可以浓缩成一系列关于进化元素的叙述:

1. 有足够的**时间**;

2. **随机**重复发生的相似突变;

3. 它们的命运(保留或是消除)由**选择**主宰。

在本章剩余的篇幅里,我将把焦点放在以上陈述上,用实际的突变运算、实际的生物学、实际的例子,来说明进化为何并确实不断重演。这些来自DNA记录的演算和实例,无疑证明了随机突变、自然选择和时间的总和,就是生物进化。

这些例证来自一些庞大的数字,我先告知各位,接下来你们可能会有"这怎么可能"的想法。事实上,这是进化论的反对者常用的策略,他们用设计好的数值来攻击达尔文进化论的概率,这些论点**总**是会忽略一些重要的因素。我们可以看到,只要所有的因素都派上用场,通过具体的自然选择产生的进化不是"可能会发生",而是"必定会发生"。

机遇:"随机重复发生的相同突变"

先从一些实际的证据开始,例如鸟类紫外光视觉的进化。在4个不同的目里,都兼有感应紫光和紫外光的物种,这代表这两种能力至少分别进化了4次。在鸟类中,这项差异总是关联着同一个氨基酸,它位于SWS视蛋白上的第90个位点:这个位点上是丝氨酸的鸟类只看得到紫光,如果是半胱氨酸的话,这种鸟类就看得到紫外光。

这个关键性的氨基酸由鸟类SWS视蛋白基因位点268—270编码而成,仔细观察这部分的DNA内容,可以发现丝氨酸和半胱氨酸的区别,只是位点268的一个字母之差(表6.1)。

表6.1　紫外光视蛋白的进化重演

物种	DNA序列	氨基酸	感测光
斑胸草雀	TGC	半胱氨酸	紫外光
鸭子	AGC	丝氨酸	紫光
银鸥	TGC	半胱氨酸	紫外光
刀嘴海雀	AGC	丝氨酸	紫光
鸵鸟	AGC	丝氨酸	紫光
美洲鸵	TGC	半胱氨酸	紫外光
虎皮鹦鹉	TGC	半胱氨酸	紫外光

斑胸草雀、银鸥、美洲鸵、虎皮鹦鹉分属不同目,和表上的其他鸟类相比,它们视蛋白基因所呈现的关键差异,就是在位点268上由A变成T的突变,这项突变必定已经发生过4次了。

为什么相同的突变会发生在不同的物种身上?我们来计算一下。

从鱼到人类,大部分动物每个基因位点上发生突变的概率,平均是五亿分之一。也就是说,在鸟类SWS视蛋白基因位点268上的A,平均每5亿个后代中会发生1次突变。这组基因有两份拷贝,所以概率倍增为二亿五千万分之一。但是在这个位点上发生的突变有3种可能:A变成T,A变成C,A变成G。其中只有A变成T的突变,才会制造出半胱氨酸。如果各种突变发生的概率均等(事实上不会,但我们可以忽略其间微小的差异),那么在这个位点上的突变,有1/3的概率能造成转换。换言之,大约每7.5亿只鸟中,会发生1次这种突变。

感觉实在是微乎其微?

这倒不尽然。还有一个要素,就是每年会有多少后代诞生。根据一项长期的种群数量调查,许多物种有100万到2000万的数量。它们年年繁殖,像银鸥这类多产的鸟类,每年大约可以生下100万只后代(这是很保守的估计),用这个数字乘以七亿五千万分之一的概率,得到的结果是:由丝氨酸变成半胱氨酸的转变,大约每750年会发生1次。以人类的角度来看,这是很长的一段时间,但我们要以更大的时间尺度来思考:在15 000年内,这项突变会在这个物种身上分别发生20次。

这4个目的鸟类历史久远——它们的祖先有数千万年的时间可以进化出紫外光视觉或紫光视觉。以我们用银鸥计算出的概率,在100万年之间,A变成T的突变可以发生1200多次。懂了吧!

如果是一个没有那么精确的进化呢?我解释过深色的雪雁、贼鸥、蕉森莺,还有很多动物的深色种(受到*MC1R*基因影响的变异种肯定还有很多,但我只讨论目前生物学家研究过的物种),它们的*MC1R*基因发生不同的突变。就我们所知,*MC1R*基因至少有10种不同的突变方式能让皮毛、羽毛或鳞片颜色变暗。基因上有10个位点可能发生突变,而每个位点的突变率相等(因为所有的基因都可能产生突变),那么,由*MC1R*造成的黑化变异种发生率是多少呢?它会比视蛋白的突变率高上10倍,所以每7500万个后代中,就有1个是黑色的。黑色变异种的发生频率要看后代的数量,如果一个物种每年有75万个后代,它们每100年就会有1个黑色变异种(即每100万年会有1万个变异种);如果一个物种每年有750万个后代,那么它们每10年就会有1个黑色变异种;即使是每年只有7.5万个后代的物种,每1000年也会有1个黑色变异种。

黑色的鼠、黑色的鸟、深色的蜥蜴都是在同一个基因上产生突变,很惊人吗?有些不同物种甚至在*MC1R*基因上发生同样的突变呢。

那么化石基因呢?它们进化的难易度又如何?答案是,**容易得**

很。虽然没有多少方法能改变基因来产生新的功能,但要让基因失去功能是很容易的。因为只要有5%的基因密码产生变化,就足以破坏一个基因。除了一些简单的"输入错误"之外,任何插入或删除的基因密码的个数只要不是3的倍数,都可以破坏基因,少量的插入或删除可是很常见的。从这些方面看来,要破坏一个基因,比让它在特定位点产生特定突变要简单50—100倍。把这个数值代入先前的算式,结果是二百万分之一,即在200万个动物中,会有1个携带潜藏的化石基因。所以我们看到,化石基因和其他更精确的突变发生的频繁度,对应繁殖率便得出突变量(表6.2)。

表6.2　100万年间同一个基因发生相同突变的次数

增殖率（单位:每年）	相同突变位点数		
	1	10	100
12 000	10	100	1000
120 000	100	1000	10 000
1 200 000	1000	10 000	100 000

想想看,目前世界上大约有1万种鸟类。用这个表格当作参考,好好审视这些数字,它们很清楚地显示出同样的突变在现存物种和它们的祖先身上,重复发生了不知道多少次。

这个状况不仅发生在鸟类身上,许多其他动物都可以套进这个算式中。我们不用为数量庞大的鱼类、昆虫、鲸目动物一一计算,就可以知道同样的突变会频繁地重复发生。

不过,当突变概率很大,不论是否为新的突变,潜在"有用"的突变会不会被保存下来,又是另外一回事了——在机遇的作用下让这个突变不在开头几代消失,接下来就是选择的事。

选择:"它们的命运是由选择控制"

在前四章中,我们已经看到DNA信息如何在自然选择的作用(或无所作为)之下被保存、扩大、改变或破坏。我描述过在三种不同情况之下DNA内容的不同命运:第三章中,我们了解到纯化选择让DNA内容在突变的不断轰击下保持恒久;第四章中,我们了解到正向自然选择如何复制基因,并调整旧的基因内容,进化出新的性状;在第五章中,我们看到的是缺少自然选择的介入,DNA内容会如何退化消失。现在来到第六章,我们看到同样的DNA变化如何不断发生,并被选择作用。

从最基本的DNA水平来看,选择是作用在相对有利的基因上。如果现在有两个序列A和B,它们有一个或更多的字母不同,那么在选择的控制之下,它们会有三种不同的命运:如果A序列在生存和繁殖方面比B序列有利,A序列就会被保存下来;相对地,如果B序列比较有利,被保存下来的就是B序列。另外两种可能性是:A和B有相同的效果,或者它们所影响的性状已经无关紧要。在这样的情况下,A和B序列在种群中存在的比例(频率)将会发生随机变动[称为"漂变"(drift)],其变化率要视种群的大小而定。

所有新的突变,都有三种可能的命运:主动被保存下来,主动被排除,因中性而被忽略。如果有这么一只鸟,在SWS视蛋白基因位点268—270上是AGC,那么它的色觉应该在紫光的范围。现在来看看这3个位点可能的9种突变方式:

原始的氨基酸	AGC→丝氨酸	紫光视觉
位点270上的突变	AGT→丝氨酸	紫光视觉
	AGA→精氨酸	?
	AGG→精氨酸	?
位点269上的突变	ACC→苏氨酸	?
	ATC→异亮氨酸	?
	AAC→天冬酰胺	?
位点268上的突变	TGC→半胱氨酸	紫外光视觉
	GGC→甘氨酸	?
	CGC→精氨酸	?

如果选择没有介入,我们会看到以上9种视蛋白基因的变异。但是研究来自35科的45种鸟后发现,**所有**的鸟在该位点上不是丝氨酸就是半胱氨酸。这种情况随机发生的可能性微乎其微,这就代表在这些鸟的进化过程中,其他的变异不断被排除,这就是自然选择的力量。

简单的统计数据显示,DNA序列并非随机排列,除了数学运算之外,还有其他方法可以验证选择的作用。实验室研究结果和物种生理学知识会补充更多信息,再加上DNA的内容,就能够让我们看到进化的全貌。在这个例子里,该位点为半胱氨酸的鸟类可以看到紫外光,如果是丝氨酸的话,就无法感知到紫外光,这一点已经过证实。针对这种状况,唯一的解释就是自然选择和性选择的影响。而半胱氨酸在不同目、不同科、不同种的鸟类身上进化重演的状况,也是自然选择和性选择作用的结果。

同样,吼猴的三元辨色力,反刍动物的核糖核酸酶,鸟类、哺乳类和爬行类的暗体色,冰水鱼类的抗冻蛋白,还有毒性极大的神经毒素,这些趋同进化最好的解释便是:在相似的环境条件之下,选择会独厚类似的性状。

抗冻蛋白和致命毒素的优势很明显,它们的进化过程揭示了选择如何作用在现成的素材之上。选择制作出两种几乎一模一样的抗冻蛋白,用的却是完全不同的基因编码,就像致命毒素也有许多不同的材料来源。在这些例子中,需求的确是发明之母,不过,这些"发明"是随机突变和选择作用的综合体。

然而,如果在生活方式的改变之下,某个性状已经派不上用场,那么选择就会忽视影响这个性状的基因。破坏基因的突变是不可避免的,而且可能发生在基因的任何一个位点。某些脊椎动物身上的SWS视蛋白基因,至少已经被5种不同的方法破坏了5次;酵母的半乳糖分解途径由7个基因负责,它们也被破坏过至少3次。同样的情况(失去必要性)会导致同样的结果。

并不是所有"有用"的突变都会在整个物种中普及,事实上,大部分新的突变在物种中的普及率(我们称为"频率")达到一个程度之前,会骤然消失,只有一些具重大优势的突变能借选择的力量扩散。表6.2关于突变一再发生的数据显示,突变的频率为进化提供充分的机会,即使那些机会只能偶然被抓住。

这里有个重点:同一物种通常会占有多个栖息地,一项突变或许适合某些地区,在其他地区则被排斥。这让物种的许多性状跨越分布范围而呈现出变异,就像小囊鼠、美洲豹或雪雁一样。我描述过新突变的产生何其频繁,情况通常是这样的:在某个种群或物种内,一个基因的多种形态频繁登场。进化已经不是"等待"新的突变,而是**通过让可供替换的性状数量增加或减少,回应各种状况**。如同我们在第二章所见,在选择的作用之下,某个性状能够迅速扩散或是消失。

普卢塔克是距今约2000年的哲学作家。关于进化的本质及重演的可能性,在他的著作《塞多留的一生》里,竟然出现了有异曲同工之妙的精辟描述(即本章开头的引文)。他巧妙地强调足够的时间("在漫漫时光中")、机遇("命运"),还有大量又多样的素材("如果世间之事够多够繁杂"),并做出结论:历史是会重演的("命运就能轻易罗织各式各样相似的事件")。

普卢塔克描写的是历史的可能性,而不是进化过程的决定因素——选择。在DNA的随机变化中,有大量可能发生的事件,但选择排除掉大部分的事件,只留下少许。适者的塑成不只是机遇的产物,而是如同伟大的生物学家莫诺(Jacques Monod)在30年前所言:它是**机遇和需求**的产物。重复发生的性状进化,就是可能产生同样结果的突变、在相似环境下运作的选择,这两者共同作用的产物。

从第二章的理论计算开始,我们已经看过很多的东西,但是你或许会想:"这些对鼠、酵母、鹦鹉都有好处,那对人类呢?"

机遇和需求的交互作用并非局限于"低等物种",也不只存在于过去。在下一章,我们会看到发生在我们人类身上的突变和选择作用。

第七章

我们的血肉之躯：军备竞赛、人类竞争与自然选择

人类的宿敌不是来自另一个大陆或种族的同类，而是自然界中限制或挑战他们控制能力的那部分，是攻击他们和他们所培育的动植物的病菌，再加上携带这些病菌的小虫子……

——阿利(Warder Clyde Allee)，

《昆虫的社会生活》(*The Social Life of Insects*, 1939)

▲
带有剧毒的俄勒冈粗皮渍螈(*Taricha granulosa*)。(霍尔特摄)

根据传闻，最常听见的遗言是："嘿，帮我拿一下啤酒，看我的！"

对一个不幸的俄勒冈人而言，这确实是他在1979年的遗言。牛饮终日之后，这名29岁的健康男子在同伴鼓动之下，吞下一条20厘米长的蝾螈。10分钟后，他嘴唇扭曲，开始觉得麻木、虚弱，他告诉他的朋友，说他觉得快要死了。他拒绝去医院，然后心跳就停止了——他虽然后来心脏重新跳动，但最终还是药石罔效，并在24小时内死亡。他是唯一一个被蝾螈毒死的人，也自愿将自己的基因移出人类基因库，这位饕餮先锋值得提名参选"达尔文奖"。

温驯、柔软又可爱的蝾螈看起来不怎么吓人，但是俄勒冈粗皮渍螈的表皮包藏剧毒，称为河豚毒素（简称TTX），能够立即致人于死命。TTX能够阻断钠离子通道，这对于神经功能可是生死攸关，瘫痪、呼吸衰竭、心跳异常会接连而来，严重的话会致死。亚洲食用河豚的习俗让这种毒素广为人知，这种鱼也带有大量的TTX，每人出个400美元，持有执照的"专业"厨师就会帮你烹饪出安全的佳肴，让你在享用美食之余，不用担心吃下一丁点毒素。不过在日本，1974—1983年间，登记在案的河豚中毒事件高达646起，其中有179人死亡。我也曾去日本旅游，建议各位吃吃照烧和天妇罗就好。

区区15克重的蝾螈，身上的毒素为何能毒死75千克重的人类呢？除了怪他自己愚蠢之外，这位俄勒冈人是死于进化的"军备竞赛"。蝾螈如果被牛蛙或是其他动物吞下，它能安全逃脱且毫发无伤，它唯一的天敌就是能够抑制TTX的袜带蛇（*Thamnophis sirtalis*）。蝾螈一旦遇上袜带蛇，就会陷入一场生死苦战。

不同的蛇抑制毒素的能力和不同的蝾螈制造毒素的能力都不同，在不同的蛇和蝾螈之间，存在着不同程度的毒性—抑制角力，它们表现出的是"协同进化"（coevolutionary）的军备竞赛，选择会让高毒性的蝾螈,还有对毒性抵抗力高的蛇存活下来。这种通过进化而实现的不断升级的军备竞赛,造就了超高毒性、能够轻易毒死其他猎食者的蝾螈,还有具有高度抗毒性、能够吞吃蝾螈的蛇。

军备竞赛是进化迅速前进的例子。选择在短时间内作用于各个种群,使得进化速度大大提高,让生物学家能够掌握住正在进化中的物种。

试图吃下蝾螈的蛇都会出现TTX中毒现象:摇头晃脑、变得软趴趴的,并且无法自行恢复正常。实验室研究发现,大多数蛇会放走蝾螈,而后痊愈。大型的蛇纵使能将整只蝾螈吞下,最后也会瘫痪死亡。只有少数的蛇可以成功把蝾螈消化掉。

你或许会想,蛇干吗要冒着这么大的危险进食呢?其实这就像我们面对丰盛大餐一般,很难抵抗诱惑。当然,要逞口腹之欲就得付出代价——过度饱胀会让人不舒服好一阵子。这些抵抗力较强的蛇可以吃蝾螈,其他蛇就不行。吃下蝾螈之后,虽然会感到有点晕眩,但总比不吃来得强。这种抗毒性是遗传而来的,所以它们的后代会比抵抗力较差的蛇更有"优势"。打个比方来说,野餐时吃的棉花糖和果冻色拉让我想吐,但总有些狂热分子能吃多少就吃多少。

如果蝾螈和河豚也是我们菜单上的重要主食,我们应该也会和它们进行军备竞赛,但是对那位吞蝾螈的俄勒冈仁兄来说,很不幸,人类不吃蝾螈。不过我们人类也和一群死敌进行军备竞赛,有些战役在我们的基因上留下深刻的印记,有些战役则是胜负尚未见分晓。

在这一章,焦点将放在目前人类身上正在进行的进化过程——就在我们的血肉之躯、我们的DNA之中。首先我会说明,自然环境是如何影响人类进化,以及我们基因的组合方式的。接着要讨论的是,与传染媒介之间的军备竞赛对人类历史和基因造成的影响。我们是撑过疟疾、瘟疫、水痘和其他灾祸的适者,有些基因还带有战斗留下的印痕。最后我会解释,癌症如何经过一种特殊的进化过程在我们身上发作,对这个过程的了解,引导我们发展出对抗这类疾病的武器。从这一章的例子我们会看到,凡是有变异和竞争的地方,选择的控制便无所不在。我们还会看到,突变和选择并不只是"理论"——它们一直与我们的生命息息相关。

抗晒的人

要区分世界各地的人们,最明显的特征就是肤色。肤色是因为选择带来的进化而产生的差异吗?或者它"只不过"反映了相同地域居民的亲缘关系?

这些问题已然经历了很长一段时间的思考。事实上,关于人类肤色与环境相适应的想法,早在达尔文之前就已经有人提出过。虽然达尔文在写作《物种起源》时并未察觉到这点,不过倒推40年,美国出生的医生韦尔斯(William Charles Wells)就以简明清楚的方式,证明了自然选择的原理。此外,他还将这个原理和影响人类变异的力量结合。

韦尔斯1757年出生在美国南卡罗来纳州一个苏格兰移民家庭,他被送到苏格兰读书,13岁就进入爱丁堡大学,旋即在1771年回到美国的查尔斯顿,拜在亚历山大(Alexander)医生门下。他的这位老师是著名的植物学狂热者,也是林奈的追随者。结束医学训练之后,韦尔斯努力成为医生,并凭借多种学术贡献获得非同寻常的成功,从研究肌肉如何收缩到如何治疗视力问题。他还是第一位正确解释露珠形成原因的人,这让他获得英国皇家学会的拉姆福德奖章。

1813年,韦尔斯发表了一篇论文,标题为"一位白种妇女的局部皮肤类似一个黑人皮肤的报告",在他去世之后,这篇论文和他其余的作

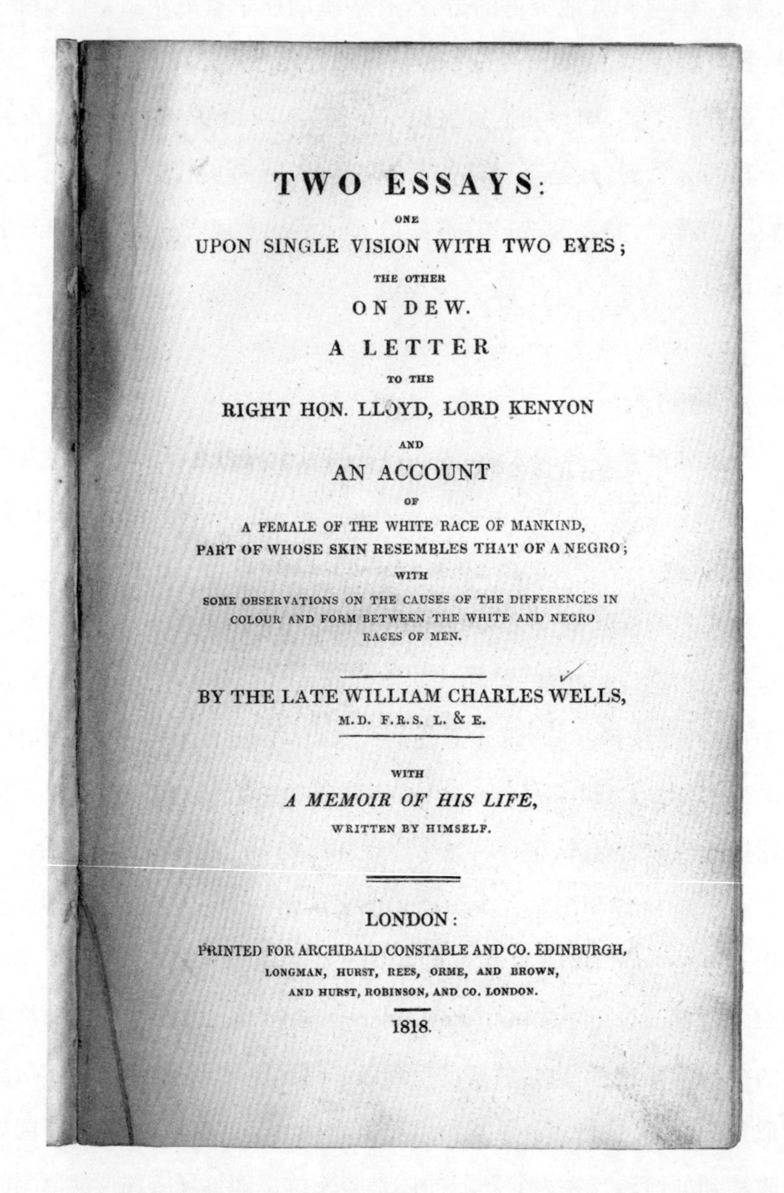
TWO ESSAYS:

ONE

UPON SINGLE VISION WITH TWO EYES;

THE OTHER

ON DEW.

A LETTER

TO THE

RIGHT HON. LLOYD, LORD KENYON

AND

AN ACCOUNT

OF

A FEMALE OF THE WHITE RACE OF MANKIND,
PART OF WHOSE SKIN RESEMBLES THAT OF A NEGRO;

WITH

SOME OBSERVATIONS ON THE CAUSES OF THE DIFFERENCES IN
COLOUR AND FORM BETWEEN THE WHITE AND NEGRO
RACES OF MEN.

BY THE LATE WILLIAM CHARLES WELLS,
M.D. F.R.S. L. & E.

WITH

A MEMOIR OF HIS LIFE,

WRITTEN BY HIMSELF.

LONDON:

PRINTED FOR ARCHIBALD CONSTABLE AND CO. EDINBURGH,
LONGMAN, HURST, REES, ORME, AND BROWN,
AND HURST, ROBINSON, AND CO. LONDON.

1818.

图7.1　1818年，韦尔斯死后出版的论文扉页。韦尔斯最早提出对自然选择概念的正确描述。（图片由威斯康星大学图书馆惠允使用）

品(包括自传)一同出版,时为1818年(图7.1)。他不仅公开他的发现,也做了一些"白人和黑人肤色与外形不同的原因之观察"。

韦尔斯指出,"黑人和黑白混血种"对某些热带疾病免疫,他同时观察到,所有的动物在某种程度上都有变异的倾向,而育种者便会借选择培养出更好的品种。他因此向前跃进了一大步——40年后达尔文也做出相同的一跃:

[育种者通过]人工选择所曾完成的,自然也可以同样有效地做到,以形成人类的一些变种,适应于他们所居住的地方,只不过自然选择比人工选择来得徐缓而已。最初散住在非洲中部地区的少数居民中,可能发生一些偶然的人类变种,其中有的人比其他人更适于抵拒当地的疾病。结果,这个种族的繁衍增多,而其他种族则将衰减;这不仅由于他们无力抵拒疾病的打击,同时也由于他们无力同较为强壮的邻族进行竞争。如上所述,我认为这个强壮种族的肤色当然是黑的。但是,形成这些变种的同一倾向依然存在,于是随着时间的失衡,一个愈来愈黑的种族就出现了:既然最黑的种族最能适应当地的气候,那么最黑的种族在其发源地,即使不是唯一的种族,最终也会变成最占优势的种族。

《物种起源》出版几年后,达尔文才读到韦尔斯的作品。在《物种起源》后几个版本的"有关物种起源的见解的发展史略"这个章节,他回顾了许多之前出版的和进化相关的所有作品。在1886年出版的第四版《物种起源》中,达尔文赞扬韦尔斯"明确地"辨认出"自然选择的原理",而且"是最早对自然选择的认知"。达尔文对韦尔斯的致敬是对的,但韦尔斯对于肤色和选择的观点是正确的吗?为了验证韦尔斯的假说,我们必须从生理学和基因学来了解肤色,还要仔细审视不同民族的基因内容。

肤色(还有发色)的深浅主要由黑色素的相对量决定,黑色素由皮肤中的黑素细胞制造。在生物化学方面,黑色素的作用程序已经相当清楚,这个程序的核心要素就是我们熟悉的MC1R,它也决定了皮毛、羽毛和鳞片的颜色。而脑垂体分泌的一种激素会控制黑色素的制造,这种激素叫做α促黑素细胞激素(α-melanocyte-stimulating hormone,简称αMSH),它能和黑素细胞的MC1R结合,并刺激黑色素生成,然后,黑色素由黑素细胞输送到皮肤细胞和毛发中。

第二种黑色素合成途径是受到紫外线的诱发。紫外线会促使MC1R与αMSH合成,继而导致黑色素制造量上升,这就是被太阳晒黑的原理。

黑色素是天然的遮光剂,能够有效吸收阳光中不同波长的光,它的结构使它能够吸收紫外线。紫外线会破坏细胞,更糟的是,它会直接作用在DNA的碱基上,导致DNA内容的永久改变——紫外线是很强的突变诱发物质。防晒产品中的化学物质之所以被选中,就是由于它们可以阻隔紫外线的特性。不过,紫外线并不是完全有害,它可以促使皮肤制造维生素D_3,这种维生素对钙吸收很重要,而钙可以影响骨骼结构和强度。维生素D不足,会造成骨质疏松,甚至造成佝偻病,这就是为什么牛奶中要另外添加维生素D的原因。

各地区的紫外线照射量不同,人会照射到多少紫外线,紫外线又有多强,决定因素很多,这些因素包括光波穿越大气层时经过的距离(这受到季节、昼长和纬度影响)、海拔、空气中气体的成分,还有地表(雪地、水面等)的反射量。紫外线在南北纬15°之间最为强烈,越往两极越弱,比如,波士顿冬天的阳光尚不足以让皮肤制造维生素D。

加利福尼亚州科学研究院的雅布隆斯基(Nina Jablonski)和查普林(George Chaplin)最近发现,不同地区紫外线的强度和皮肤内黑色素含量的变化有密切关联。这种变化导致了不同的肤色吗？若果真如此，我们要怎么解释肤色是经由选择产生的结果？

最符合逻辑的解答方式是，从浅色和深色皮肤个体的*MC1R*基因开始。北欧的浅肤色种群，比如苏格兰人或爱尔兰人，多半有红发和雀斑，而且他们的皮肤对阳光甚为敏感。通过研究肤色和发色在家族中的遗传状况，可以发现*MC1R*的变异也会发生在人类身上，造成肤色和发色的差别，就像其他动物一样。欧洲人及其祖先的红发，来自*MC1R*基因上的许多突变，突变导致一个氨基酸被另外一个所取代。欧洲和亚洲的人种身上，*MC1R*基因至少有13种不同的变种，其中10种会改变MC1R蛋白，其余3种则不能（它们是同义置换）。

相对来说，非洲人身上的*MC1R*基因有5种变种，全部都是同义变异，因此这些MC1R蛋白没有不同之处。在不同的种族身上，*MC1R*的非同义置换和同义置换率不同：非洲人是0:5，非洲人以外的人种是10:3。就统计学而言，这些数据意义重大，而且不能用随机发生来解释。更确切地说，有某种作用阻止非洲人*MC1R*基因的变动——那当然就是自然选择。突变确实发生在*MC1R*基因上——我们可以从那5个同义变异上确认这点。选择针对非洲人*MC1R*基因变异的抑制，显然是要维持高水平的黑色素产量，这是很有道理的，因为在日照强烈的高紫外线区域，黑色素具有保护性效益。

深色皮肤让非洲人更适合生存，关于这部分，韦尔斯的论点是正确的。

欧洲种族那么多，而且皮肤都偏向浅色，我们或许会问，这是因为选择对他们身上的黑色素生成放松管理，还是浅色皮肤是被选择出来的？在这里，两个解释都成立。在纬度较高的地区，选择对制造黑色素的管理或许会松懈，但对生产维生素D而言些许紫外线是很必要的，所以浅色皮肤也有可能是为了适应低光照环境而出现的。无论哪一个解释正确,人类肤色的进化和*MC1R*基因说明,当人类向世界各地分布,选择的条件会相应于不同的环境做出改变,阳光的质与量只是其中一个明显的变量。

左右人类历史的另一个重要因素,是在个别地区遭遇到的不同病原体。韦尔斯推测:既然深色皮肤的种族对某些疾病免疫,那么深色皮肤可能就是"对疾病免疫"这项优势的基础。虽然以上推测是错误的,但是就对抵抗力的观察,以及"抵抗力决定何谓适者"这项推论看来,韦尔斯的思路无疑是正确的。传染病是一股强大的选择动力,曾在人类进化过程中留下深刻的印记,我们将会发现,它们的重要性亦有助于解释一大矛盾:为什么特定的遗传病在某些种群中发病率那么高?这个复杂的矛盾,由另外一位医生解开了,不过他的贡献往往被忽略。

病菌大战

20世纪三四十年代,阿利森(Anthony Allison)在俯视肯尼亚大裂谷的高地农场长大。在他还是个小男孩时,他已经注意到,肯尼亚的动植物为了适应各地环境,发展成适合自己生存环境的模样;还有,原住民部落及其语言也变化多端。拜访过利基(Louis Leakey)工作的著名的奥杜威峡谷遗址后,他燃起了对人类起源和进化的兴趣。十几岁时,他阅读了《物种起源》和《人类的起源》,接着在牛津大学接受费希尔、霍尔丹和赖特等人的数学洗礼,这些数学将进化和选择与遗传学关联起来。当他在读时,还没有自然选择作用在人类基因上的例证,但是早年所受过的培养,加上一连串事件给予的灵感,使他得以在职业生涯初期便挖掘出这些证据。

1949年,在基础科学研究和刚起步的医学院课业之余,阿利森参加牛津大学的肯尼亚山区探险队,他的同学都把注意力放在植物和昆虫上,而他从肯尼亚各处的部落收集血液样本,以进行血液编组和其他测试。

其中一个关键性的试验是检测镰形细胞性状的流行程度,这种性状在1910年被发现,受感染者血液中的红细胞形如镰刀,因而得名(图7.2)。当时已知镰形细胞贫血病是隐性遗传病:带有一个镰形细胞突变基因的人不会发病,但在某些状况下会出现镰形细胞性状,但是那些一对基因都发生突变的人,保证会发病。1949年是研究镰形细胞贫血

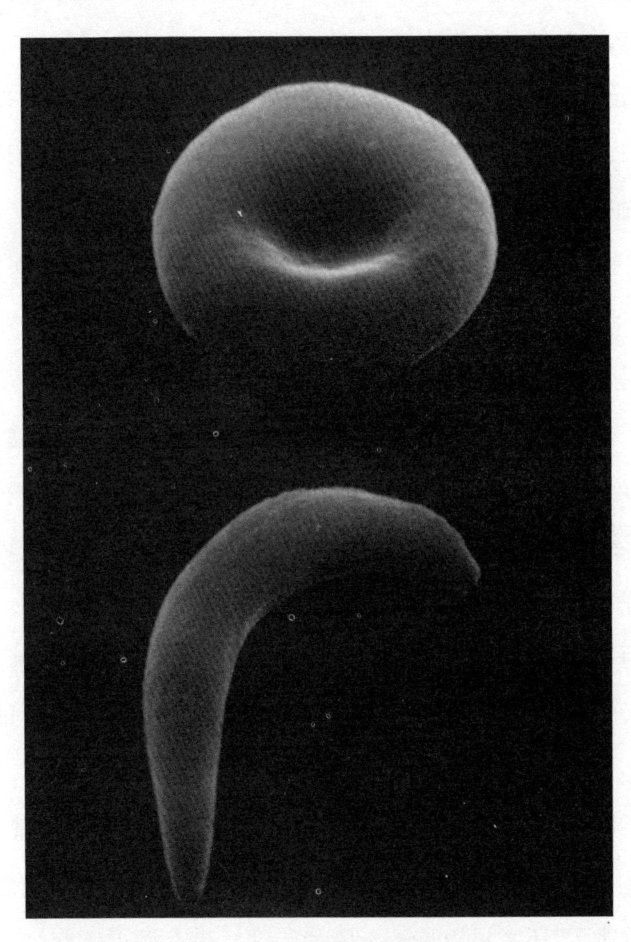

图7.2　正常红细胞(上)和镰形红细胞(下)。异常的血红蛋白会造成镰形红细胞。[明尼苏达大学医学院怀特(James White)提供照片]

病的里程碑——伟大的生物化学家鲍林和他的研究团队发现,在镰形细胞贫血病患者身上,红细胞中携带氧的血红蛋白是异常的。

在1949年的探险活动中,阿利森发现,镰形细胞性状的发生率在各个部落之间差距很悬殊。维多利亚湖或是肯尼亚海岸附近的部落,其发生率超过20%,而在高海拔地区和干旱地区则小于1%。阿利森对这个现象感到困惑:既然镰形细胞贫血病(一对基因突变)是不好的,为什么镰形细胞性状(只有一个基因发生突变)的发生率会如此之高?再者,为什么有些部落发生率高,有些部落低?

他归纳出一个很让人振奋的聪明想法:或许镰形细胞可以抑制疟疾。他知道疟疾和传播疟疾的按蚊(*Anopheles*)在低洼潮湿的地区相当猖獗,但在高海拔或是干旱缺水的地区几乎绝迹。

要验证他的想法,还得再等上几年,他必须先完成他的医学训练。1953年,他终于能够证实,带有镰形细胞性状的患者可以抵抗疟疾,有镰形细胞的儿童和正常儿童比起来,身上的疟原虫数量少得多。阿利森研究了将近5000名东非人,发现镰形细胞的高发生率(高达40%)果真是分布在疟疾频发地区,而发生率低的地区,疟疾几乎不存在。他绘制了镰形细胞和疟疾在非洲的分布图(图7.3),其间的对应区域跨越部落和语言,显示出疟疾对人类种群的基因有相当重大的影响。镰形细胞基因的进化,是自然选择在人类身上施加影响的经典案例(奇怪的是,大部分教科书没有标明这是阿利森的功劳——见本书附录后的参考文献)。

在阿利森的突破性研究之后半个世纪,越来越多的证据显示,疟疾在人类基因上留下深刻的印记。镰形细胞贫血病除了发生于撒哈拉以南的非洲地区,还零星散见于希腊和印度。带有镰形细胞突变基因的居民,在希腊中部科佩斯湖周围占16%、在希腊北部哈尔基季基半岛占

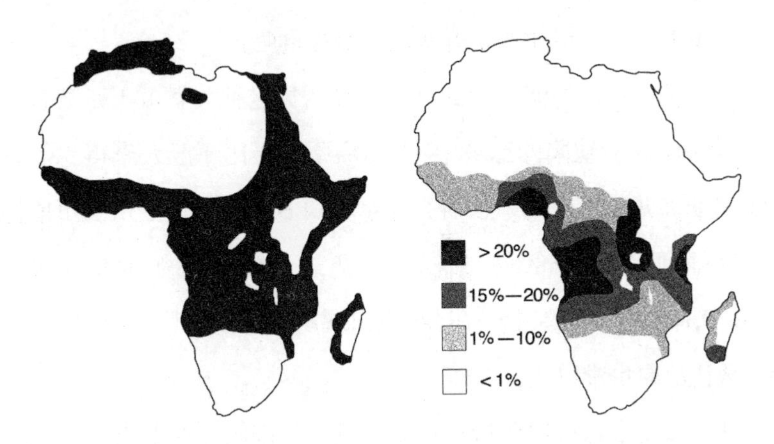

图7.3 疟疾和镰形细胞的地理分布。这两张图显示疟原虫的分布(左)和镰形细胞性状的发生率(右)有着密切的对应关系。[资料来源: A. C. Allison (2004), *Genetics*, 166:1591。奥尔兹重新绘制。]

32%。而在印度南部尼尔吉理地区的部落种群中,罹病率达30%。上述地区有什么相同之处呢? 要不是近年来努力进行扑灭,这些地带一直都还是疟疾流行区。

还有更能让人信服的证据就是:镰形细胞突变是由基因上第6个三联体发生的一个变化(从GAG变成GTG)所引起,这个突变**至少**在不同的人类种群里分别发生过**5次**:班图、贝宁、塞内加尔、喀麦隆,以及印度次大陆的种群。再次证明,十分明确,进化是会重演的,这一回是发生在人类身上。

在疟疾造成的强大进化压力之下,突变出现在基因的两个拷贝中,通常是有害的;如果只发生于单个拷贝上,反而会带来生存优势。"不好"的基因为什么会大量出现在人类种群里,这就是原因了。

事实上,镰形细胞的血红蛋白不是唯一的例子。有一种缩写为G6PD(葡萄糖-6-磷酸脱氢酶)的酶,在细胞中负责葡萄糖的新陈代谢及维持细胞内的氧化环境。人类身上最常见的酶缺陷,就出现在这个酶上,影响所及,估计有4亿人。34种不同的G6PD突变,在某些人类种群中发生率很高。想知道是哪些地方的种群吗?

你猜是住在疟疾流行区的种群?没错!这种关联可不是巧合。事实上,带有G6PD缺陷的患者,身上的疟原虫要比一般人来得少。针对2000名非洲儿童所做的一项研究显示,G6PD缺陷者得疟疾的可能性大幅下降(降低46%—58%)。研究结果更进一步显示,疟原虫无法寄生在G6PD有缺陷的细胞中。在G6PD出现缺陷的红细胞内,变质的氧化环境会让疟原虫难以生长。

其他突变也都有助于避免疟原虫进入红细胞。最严重的疟疾由恶性疟原虫(*Plasmodium falciparum*)引起,间日疟原虫(*Plasmodium vivax*)则是西非很普遍的寄生虫,后者借助红细胞表面的杜非蛋白进入红细胞。有一种让杜非蛋白不再表达的突变,在非洲人身上几乎达100%,但在白种人和亚洲人身上几乎不存在。间日疟原虫进不了产生这种突变的红细胞,只要是间日疟原虫出现的地方,杜非蛋白基因的突变就会得到选择的厚爱。

疟疾造成强大的选择压力,以各种方式塑造人类的遗传进化。但是这种选择持续了多久?考古学的记录中就有疟疾对人类的影响:公元前2700年,中国的医书《黄帝内经》中就记载了疟疾的症状。公元前4世纪的希腊,疟疾是众所周知的疾病,数个城邦人口下降都归因于此。罗马人将这个疾病命名为mala aria,意为"坏空气",因为他们认为疟疾是由不良空气传播,特别是沼气。有些考古学家相信,疟疾就是罗马帝国覆灭的原因,当领土扩展到疟疾流行的地区时,疾病将帝国国库榨干。

疟疾是何时开始对人类进化产生冲击的?我们可以靠遗传学得到粗略的概念。美国马里兰大学的蒂斯科夫(Sarah Tishkoff)和她同事研究过*G6PD*基因突变的遗传标记之后估计,其中两次突变就在这几千年间发生。此外，哈佛—牛津疟疾基因组多样性计划提出以下结论：恶性疟原虫也是起源于近代的物种，在7700—3200年前才出现。

这些日期之间有什么关联，或值得注意的地方吗？

人类大约在1万年前开始发展农业，这和前面列举的数据相符，换句话说，疟疾对人类进化的影响是相当晚近的事。当人类清除树林、开垦农田，受到阳光照射的水域增加，水中生长的携带疟原虫的按蚊也会变多。人口密度和按蚊数量增加，加上更多人定居湖畔，或许方便了疟疾四处蔓延，并且带动了疟原虫、按蚊与人类之间的军备竞赛进化。疟疾如今影响着3亿至5亿人口，每年造成200万人死亡。

像疟疾这样的流行病，既能冲击人类的进化，还能扩大特殊遗传病的影响范围，不过疟疾可不是唯一的厉害角色。造成伤寒的沙门伤寒杆菌，可以解释某些白人种群的囊性纤维化(cystic fibrosis)突变发生率何以偏高。若是一对囊性纤维化穿膜传导调节蛋白基因同时产生这种突变，此人就会患上囊性纤维化病。这也是一种隐性遗传病，在从前患者几乎活不过20岁，直到近几年情况才有所改变。然而，在特定种群中的囊性纤维化突变率相当高，这样的表现，实在不像是一种能引起致命疾病的突变。研究结果表明，伤寒沙门菌感染鼠的途径，就是利用鼠的囊性纤维化穿膜传导调节蛋白进入肠道细胞，鼠如果肠细胞带有一个囊性纤维化突变基因，就比较不易感染伤寒沙门菌，所以囊性纤维化突变可以算是一种防御性突变。在历史上，流行性伤寒屡见不鲜，这可能是囊性纤维化突变被选择拣选出来的原因。

病原体利用宿主细胞表面的特定分子进入细胞，所以细胞的突变若赋予细胞表面分子某种抵抗力，接下来可以预料的状况是：在人类和各类病原体的战斗中，这种突变会承担重要的守卫任务。目前已知有些人能够抵抗人类免疫缺陷病毒(HIV)感染，是因为他们身上的*CCR5*

基因发生突变，而HIV得以进入细胞，靠的正是CCR5蛋白参与构成的细胞受体。HIV出现的时间太晚，不足以说明此突变频发的原因——选择当初将*CCR5*突变留下来，很可能是为了抵抗其他病原体，比如有一种病毒就够格入选，它所引发的出血热，在中世纪重创欧洲，导致人口锐减。

用受体突变来躲避病原体，只是我们和病原体进行军备竞赛的一招。一旦遭遇感染，我们最主要的防御战线就是我们的免疫系统，对付病原体，它有牵制、吞噬，或者直接杀灭等多种策略。相对地，为了入侵免疫系统，病原体也拥有全套的基因诡计，包括通过突变不断进化其外表，目的就是要在这场竞赛中抢先我们一步。

在现代，我们原先的意图是要击倒病原体或其来源，现在反而使这场军备竞赛变得永无止境。与疟疾战斗，我们采用双管齐下的策略，即用药剂同时去除疟原虫和按蚊的威胁。全球性的疟疾大战从20世纪50年代展开，在1951年和1979年，分别将美国东南部和欧洲的疟疾彻底根除。但是这些努力，即利用DDT杀蚊、用药剂抗疟原虫，反而激化了这两类生物在进化上的军备竞赛。很遗憾，我们在这场进化战争里是输家。

以氯喹为例，它是治疗疟疾最安全、最便宜的药物，起初还曾经是疗效最好的呢！然而，一个基因上的突变，使**疟原虫**有了抗药性，现在氯喹几乎无用武之地。接下来，能够抵抗甲氟喹、奎宁、磺胺多辛/乙胺嘧啶，还有其他药物的抗药性也跟着一个个进化出来。同样地，蚊子也进化出对DDT的抗药性(施用DDT还危害到食物链上的其他动物)。

我们的处境很危急，但并非毫无希望。事实上，疟疾在进化上的军备竞赛，就是将进化原则应用在医药上的良好例子。所谓进化医学，能让我们由药物和抗药性的循环中脱身，其中关键的想法就是突变和选择的互动。几乎每种药物都作用于特定的病原体蛋白，抗药突变是迟早会发生的事。当某个药物被广泛使用，选择的机制便随之启动，唯独具抗药性的病原体存活了下来，并且繁衍兴盛。所以一开始药物能够赢得胜利，但疾病会卷土重来，在下一回合击溃药物。

新的方法是**联合**用药。面对两种以上的药物，病原体要进化出抗药性所需要的时间会比面对单一药物长。假设1亿个病原体里，对X药物或Y药物产生了抗药性的病原体各为1个，那么能够同时抵抗这两种药物的病原体出现的机会，就是万兆分之一（一亿分之一乘以一亿分之一）。换句话说，要发展出对联合药物抗药性的概率就小得多了。联合药物疗法已经成为对抗HIV的新策略。公元前2世纪，中国医书最先描述了一种有用的医疗成分，新式的疟疾联合疗法正是以此为基础，再配合多种药物（对每一种都产生抗药性不大可能），对疟原虫施以重击，看起来挺有效的。不过，这种新的疗法和氯喹比起来要贵得多，因此目前无法在非洲推广使用。

杀虫剂和害虫之间，或药物和病原体之间的现代军备竞赛，显示出对突变和选择交互作用的认知不再止于抽象的纸上谈兵——这是非常严肃的现实问题。如果顺利的话，运用我们的大脑（军备竞赛的另一个产物）、生物科技（从达尔文之后蔚然成风），还有关于进化原理的知识，我们终将控制住疟疾，甚至彻底消灭它。关于进化医学，有一个更鲜明生动的例子，我要用它来结束这一章。

体内的敌人

身为一种大型、长寿、复杂的生物，人类由几十万亿个细胞组成的身体之内，某些类型的细胞必须时时更换，如皮肤、血液和内脏细胞。在制造新的细胞时，必须复制DNA，复制有时候会发生错误。除了生殖细胞(精子和卵子)之外,其他细胞的突变都不会遗传到下一代。有些突变会在体内激发某种进化上的军备竞赛,那就是人类的第一大死因——癌症。

肿瘤会随着自然界进化三要素——随机突变、选择和时间而兴起。癌症形成始于突变,突变使控制细胞复制的机制及与相邻细胞互动的机制受损。接着,有些突变联合起来,赋予细胞生长上的选择优势,使之肆无忌惮地增殖,形成肿瘤。随着肿瘤的成长,更多突变产生,细胞能够离开原来的位置到处漫游、侵略,在身体的其他部位大量增生(即癌细胞转移)。

在过去大约30年间,生物学家尝试了解癌症形成的分子机制和遗传机制,其中一组重大的进展,就是辨认出某些特定的基因,这些基因在某些特定类型的癌症中经常或总是会发生突变。一个著名的例子是所谓的费城染色体(Philadelphia chromosomes)和慢性髓细胞性白血病(chronic myelogenous leukemia,简称CML)有关。这类癌症形成时,染色体早已发生过断裂和附着,导致某一基因和另一基因融合在一起。有一种称为ABL磷酸激酶的蛋白质,具有很强的调节功能,基因融合会使ABL磷酸激酶失去控制,细胞因而容易产生癌变。在美国每年有4400起CML发病的记录。

到目前为止,治疗癌症多半使用有毒性的药物和射线,没有什么特殊手段。这些疗法大规模摧毁快速增殖的细胞,结果,正常细胞和癌细胞玉石俱焚,并引起严重的不良反应。不过自从发现了癌症中特定的变化基因之后,一种锁定明确目标的分子疗法带来了希望,现在我们拥有新一代"理性的"化学治疗药物,已经开始用来治疗多种癌症。

在这些药物中,有一种就是专门对付CML中的ABL磷酸激酶的,疗效显著而且安全性高,这种药物称为格里维克(Gleevec),能附着在

ABL磷酸激酶上,抑制其活性。格里维克是对抗CML的一线药物,让许多患者的病情获得缓解。

根据先前关于突变和选择的论述,你可以预测使用格里维克之后会发生什么——抗药性。格里维克对CML癌细胞来说就是一种毒素,因此就如俄勒冈袜带蛇进化出对TTX的抵抗力,或疟原虫进化出抗药性,有些CML癌细胞会发生其他的突变,使得它们对格里维克的抵抗力上升。

在加利福尼亚大学洛杉矶分校的霍华德·休斯医学研究所,索耶斯(Charles Sawyers)及其同事最近对CML患者做了一番检验,目的是了解针对格里维克的抗药性。研究产生抗药性的患者后他们发现,这些患者白血病细胞内的ABL磷酸激酶产生额外的突变,最奇异的是,有6名患者**发生完全相同的突变**——又是一起进化重演的事件(图7.4)。ABL

正常蛋白质	IITEFMT
	*
正常 DNA	ATCATCACTGAGTTCATGACC
患者 1	ATCATCACTGAGTTCATGACC
2	ATCATCATTGAGTTCATGACC
3	ATCATCATTGAGTTCATGACC
4	ATCATCACTGAGTTCATGACC
5	ATCATCATTGAGTTCATGACC
6	ATCATCACTGAGTTCATGACC
7	ATCATCATTGAGTTCATGACC
8	ATCATCATTGAGTTCATGACC
9	ATCATCATTGAGTTCATGACC
突变蛋白质	IIIEFMT

图7.4 癌细胞抗药基因的进化重演。进展中的慢性髓细胞性白血病,其中的一小段蛋白质序列(第一行)和对应的基因序列(第二行)。在6名患者(2、3、5、7、8、9)身上,相同的位点产生相同突变(标星号处,C→T),让癌细胞具有抗药性。[资料来源:Gorre et al. (2001), *Science*, 293: 876。奥尔兹绘。]

磷酸激酶基因上C变成T的突变，让苏氨酸被替换成异亮氨酸。我们只要知道格里维克附着于ABL磷酸激酶的化学反应过程，就能理解这种突变会让格里维克无从定位，再也无法阻断有害蛋白质的作用。原来的癌细胞虽然被格里维克清除了，但是带有这项突变的细胞逃过一劫，癌症复发。

这当然是个坏消息，不过这只是开始，战争还没结束。

既然知道有些患者对格里维克会产生抗药性，而且知道这种突变会发生在同样的地方，那就可以设计新的药物，来制约对格里维克有抗药性的ABL磷酸激酶。索耶斯和施贵宝公司的研究合作者展示了另一种新药（目前称为BMS-354825），ABL磷酸激酶的变异种总共有15种，新药足可对付其中14种。这项发现为癌症复发患者带来希望，他们将能获得多一层的治疗。该发现也带来另外一种治疗策略——联合疗法。就像对抗疟疾或HIV一样，凭借对突变、选择还有进化的了解，我们发展出了合理的、新的作战计划，可以给予癌症迎头痛击。

针对CML患者的深入研究指出，对格里维克具有抗药性的癌细胞突变，早在使用格里维克**之前**就已经产生，这是关键。药物或毒素本身不会引发抗药性，突变是随机产生的，药物的作用只提供一个选择的环境，让只有具抗药性的寄生虫、细菌、病毒，或这里提到的癌细胞才能存活。癌细胞生长增殖时，因为突变也持续发生，它的基因会发展出许多变异种，有些癌细胞的亚种（如果癌化组织够大）便随机地产生了抗药性。因此目前进行的研究，就是使用两种（未来可能是三种）针对ABL磷酸激酶的药物，赶在抗药性进化出来之前，将CML癌细胞完全除去。最佳的策略就是“早期发现，全面治疗”，如此才能掌握最佳时机，进行完整而持久的治疗。

格里维克这一课也可以套用到其他癌症上，它给了我们期待的好理由：日后的癌症治疗方法必定会大加修订，只对付患者肿瘤的特定遗传病因，并且将抗药性的进化预先列入考虑。如此，治疗成功率势必提高。

自然选择：出于需求

我在这本书的开头讲述了冰鱼的故事，它们对降低血液黏稠度的需求，大于对红细胞和血红蛋白的需求。在这一章，我们已了解到，在人类身上，为了抵挡随着文明演进而扩散的疟疾，血红蛋白和其他红细胞上的蛋白质产生了进化。

冰鱼和人类的进化显示，自然选择会利用一切手边的素材。对抗疟疾和低温的解决方法不见得是最好的，却是最容易发展出来的。像镰形细胞和*G6PD*突变这样“不好的”突变，以及不可逆的基因退化，都是选择在迫切需求之下造成的；即使只有微薄利润，眼前的利益也比其付出的代价重要。

这些特殊案例的意义，在于它们全然违反我们“进步”与“设计”的观念。造就适者的过程是即兴创作，并没有预先写好的底稿。自然界就这样发展了30多亿年。

在前面5个章节里，我已经展示了自然选择作用在DNA这一最基础水平上而导致进化的显著例子。在这一章里我举的例子，是为了强调选择的作用**无所不在**，只要有变异——不管是蝾螈、蛇、疟原虫、蚊、人类，还是癌细胞——在捕食者和猎物之间、病原体和宿主之间、抗药性和易感性之间，就存在持续的竞争，这为不同的种群带来基因的各种风貌。这就是进化的关键之处。

毋庸置疑，自然选择会作用在个体间最微小的差异上：不朽基因的微小变化，在30多亿年间已经被数十亿个物种所排除；血红蛋白基因的一个变化，让人类能与疟疾对决而立于不败之地。不过自然选择还有一项尚未提及的长期作用——累积力量。在各种生命形式之间，仅靠对微小变异的自然选择，真能塑造出生命形式间复杂度的巨大差异吗？

又一次，DNA记录将引导我们寻找答案。下一章，这套进化论的大餐将接近尾声。

第八章

复杂度的进化和塑成

我们不能用自己的观点去计量大自然的简约之处。大自然会由简单的原因,引出五花八门的结果,而其经济之处在于凭借少数通则,创造出大量的、通常是很复杂的现象。

——拉普拉斯(Pierre-Simon Laplace),

《宇宙体系论》(*Exposition du système du monde*,1796)

▲
形形色色的动物建造出澳大利亚大堡礁，并且栖息于此。[瓦伦丁(Antonia Valentine)摄]

尽管隔着潜水镜,眼前的景色仍然令我屏息。

从黄色、紫色和棕色的珊瑚礁丛林上方漂过,俯瞰围绕着珊瑚礁的壮丽动物世界,是综合了各种色彩、形状和大小的生物大杂烩——四处成群的霓虹鱼、亮丽的海星、颜色斑驳的章鱼、尖刺遍布的海胆、绿色的海龟、嘴尖漆黑的鲨鱼、泛着青蓝与洋红色彩的巨大蚌壳、长有条纹的螃蟹、带有斑点的鳐鱼,还有奶油色的海葵。

沿着澳大利亚大陆东岸分布、范围长达2000千米的大堡礁,无疑是世上伟大的自然奇景之一。在地球上,它是由活生生的生物体所建造出来最大的结构,也是唯一能从月球上看到的自然景观。

如此伟大的自然奇观让许多伟大的博物学家赞叹不已:这片珊瑚礁是如何形成的?这种生命形式的巨大多样性,是如何进化出来的呢?

19世纪初,地质学刚起步,人们开始探索地形的形成原因。当时关于珊瑚礁结构的流行理论是,它们生长于海底火山口。南太平洋上美丽的环礁,是由环状珊瑚礁围绕着湛蓝的礁湖,看起来很符合上述机制。但是在地质学和生物学的深入研究之下,不久我们即知道,外表可以唬人。推翻以海底火山口解释珊瑚礁结构的人……你猜是谁?

如果你说是达尔文,恭喜你,答对了。

没错,达尔文在《物种起源》成书20年前的两本著作里,已经为珊瑚礁结构的成因提供了新的解释,包括大堡礁在内。这两本书分别是《研究者的航海日记:"贝格尔号"环游世界拜访诸国之地质与博物学》(*Journal of Researches into the Geology and Natural History of the Various Countries Visited during the voyage round the world of H.M.S. Beagle*),1839年出版,此书通常称为《"贝格尔号"航海记》(*The Voyage of the Beagle*),以及稍后解说详细的《珊瑚礁的结构和分布》(*The Structure and Distribution of Coral Reefs*,1842)。达尔文的珊瑚礁理论至少有两层意义。首先,他是对的。达尔文的论点曾经饱受质疑和反对,时间长达数十年,但最后所有的证据都(再一次!)证明他是对的。其次,他拥有足够的胆识和能力,纵使是未曾有人目击而能够见证的长期过程,他也敢于将这项长期发展的过程加以理论化,并且将收集自微小个体的观察,演绎成内容充实的解释。这一切都预示了达尔文20年之后的那个论证,他将把它运用在这个生机盎然的世界,解析我们的世界是怎么形成的。

达尔文质疑海底火山口理论,因为他认为没有那么广阔的火山口,广阔到足以造成相当程度的大环礁;在一长串链状环礁底下,也不可能有那么多大火山成群聚集。达尔文同时指出,火山口理论太过集中在环礁上,而忽略了另外两种常见的珊瑚礁——环绕着海岛的岸礁,以及围绕着海岛礁湖的堡礁。达尔文提出一项宏观的理论,取代海底火山口理论,在他的理论中,岸礁、堡礁和环礁是同一道过程中的三个步骤(图8.1)。首先,岸礁沿着新岛屿的边缘形成;接下来,随着这座岛屿逐渐下沉,珊瑚礁继续生长,造就出堡礁和围绕岛屿的礁湖;当岛屿终于整个沉到海平面底下之后,环礁就形成了。

大部分珊瑚礁的生长速度,以及岛屿的下沉状况,都是难以察觉的

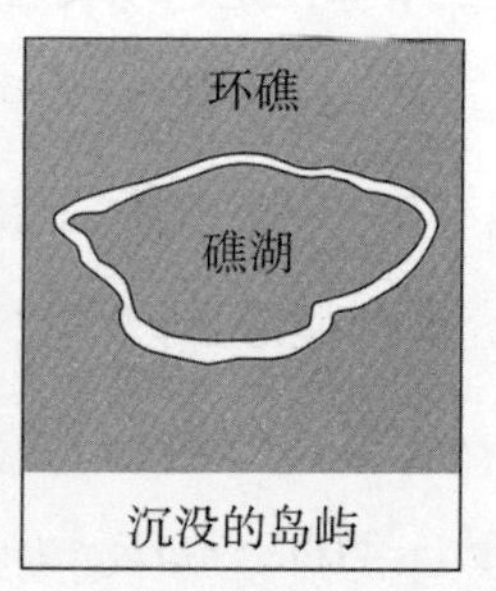

图8.1 珊瑚礁的结构。这是珊瑚礁主要的三种形式,依照达尔文的主张,它们是同一过程中连续的三个阶段。岸礁在新岛屿边缘形成;当该岛屿下沉,礁湖出现在珊瑚礁和岛屿之间,就形成了堡礁;最后岛屿沉没到海平面下,珊瑚礁把礁湖整个围绕住,此即环礁。(奥尔兹绘)

细微变化——大型珊瑚每年大约只扩张5毫米。但是达尔文从细微渐进的变化之中鉴识出长时间累积而成的结果，这让他充满自信，将巨大变动如何发生的过程予以理论化。当然啦，他在发表珊瑚礁理论20年之后，又进一步为珊瑚礁周围生物之多样性提出解释。

达尔文的地质学和生物学理论，包含了许多广泛的推断——从微小渐进的变化推断大规模的转变，从现在推断过去，从简单的形态推断复杂的结构。这些推断是否妥当？大部分的反对论都建立在这项质疑之上（例如，无法接受经过长时间"累积"的论点）。在我自己这本书中，也隐含着一些推论，例如我说过：配备有视色素的眼睛，只要色素蛋白的属性稍做改变，就能让生物适应不同的光照环境。前面5章中提到的自然选择，其真实性应该没有什么疑义，这就是这本书的主要目的——消除一切怀疑。但是有人或许会问：这些都是在原本就复杂的结构内进行的微小变化——那么，眼睛这东西是打哪儿来的？

问得好，这是一个很重要的问题。

长久以来，复杂结构的进化一直是生物学家关注的焦点，也是进化论反对者逃避难题的借口。要让每个人都意识到各物种本身的变异和进化（微观进化）并不困难，但是要将这些过程扩展到新物种的形成，还有超越物种层次的复杂度进化（宏观进化），就会遭到否定。美国有些州甚至还在学生的生物课本上贴标语警示（图9.3）。

像眼睛这类"极端完美而复杂的"器官，自然选择是如何塑造出来的？达尔文极其详细地做了解释，他的解释很高明，不过那只是一种推论，不是实际观察所获得的认知。类似眼睛这样复杂的器官，自有其建构和进化的历史，关于其中的细节，别说是当时，就是20世纪都过了一大半还远未被全部了解。

不过这个困局现在已经不复存在了。

过去20年之内,直接证据大量涌入,解释了复杂的结构(尤其是动物的结构)是如何形成与进化的。这项新知识对发育生物学有许多帮助。(发育生物学研究的是生物由简而繁的过程,比如单细胞的卵子,如何成长为拥有上亿个细胞的动物。)发育和形态的进化紧密关联着,因为所有形态上的变异和更动,都是通过发育的变化而产生的。身体很复杂,身体的各个部位亦然;关于它们的进化,进化发育生物学(简称Evo Devo)的研究得出许多令人惊奇而印象深刻的发现,同时摧毁了进化论质疑派的堡垒。*

在这一章,我会把重点放在进化发育生物学的几个最重要的内涵上,深入探讨动物复杂而多样的结构是如何进化出来的,并强调对发育过程的了解,以揭示复杂的结构是如何建造的,同时比较不同物种间的结构发育情况,以显示复杂度的进化。我要介绍一个特别的基因群,它们专司建构身体与器官,另外还有部分我迄今尚未提及的DNA记录,若要了解形态的进化,它可是关键的一环。

外表只是假象:所有动物建构身体和器官用的是同一套基因

我在大堡礁看到的动物,包含了动物界众多主要分支的典型代表,在这里少说可以数出35个动物类群,有刺胞动物(珊瑚礁、海葵)、多孔动物(海绵)、软体动物(蚌、章鱼)、节肢动物(蟹)、棘皮动物(海星、海胆),以及脊椎动物(鲨鱼、硬骨鱼、海龟、鲸)等。大部分动物都有其所属物种的独特结构,如海龟的甲壳、章鱼的触手、蚌的壳,还有蟹的钳

---

* 我在我的新书《蝴蝶、斑马与胚胎:探索进化发育生物学之美》(*Endless Forms Most Beautiful:The New Science of Evo Devo*)中写了很多这方面的发现,以及它们的重要性。

等,但它们又都拥有功能类似的器官,譬如眼睛。

眼睛对动物很重要,这是毋庸置疑的。自达尔文时代以来,动物界形态各异的眼睛,就令生物学家困惑又好奇。人类和其他脊椎动物都有单眼,是照相机般的透镜眼;蟹和其他节肢动物的眼睛是复眼,由很多共同收集视觉信息的独立单眼组成。章鱼和乌贼跟我们扯不上什么血缘关系,它们的眼睛倒也是单透镜眼;不过它们的近亲蛤蜊和贝类,眼睛形态竟多达三种:单透镜眼,带有透镜和反射镜的单外翻眼,由10—80个单眼组成的复眼。

100多年来,生物学家一直相信,眼睛的结构之所以呈现巨大差异,是不同的动物种群多次独立进化的成果。伟大的进化生物学家迈尔和他的同事萨尔维尼普拉韦恩(L. V. Salvini-Plawen),以动物眼睛细胞的解剖组织为立论基础,指出眼睛结构独立发展了40—65次。

从另一方面看来,这点发现或许可以成为进化在面对类似需求(视觉)时重演的佐证。眼睛进化重演的观点在以往广为学者接受,但是有些新的发现,迫使人类重新检验眼睛的进化过程。关键论点在于,眼睛是否一遍又一遍**从无到有**地进化?还是说,事实上,眼睛是由某一或许多共同祖先所提供的相同素材进化而来的?这两种可能性向人类关于复杂结构进化的真实性与概率的想法提出了挑战。很明显,要进化出像样的结构,在偶然的状况下无中生有是比较困难的,倒不如利用现成的素材。新的证据指出,各种眼睛看似大不相同,事实上,彼此之间的共通性可是出乎意料地高。它们共通的组分帮了我们一个大忙,得以深入透视复杂的结构是如何进化来的。

关于眼睛的进化,新的故事始于1994年,地点在瑞士的巴塞尔大学。格林(Walter Gehring)教授与其同事研究果蝇复眼中的一个必需基因,这个基因如果产生突变,就会损害眼睛的发育,早期的果蝇遗传学将这个基因命名为无眼(*eyeless*)基因。(许多基因正是依照它们突变后的异常状态来命名的,就像无眼基因,它本来的功能是促进眼睛生成。)当无眼基因在体外被充分研究后,研究人员惊讶地发现,人类和鼠身上由某个基因编码的蛋白质,跟无眼基因所编码成的蛋白质很相似。鼠身上的这个基因叫做小眼基因,而它也和眼睛(鼠的透镜眼)的结构息息相关;在人类身上,这个基因被称为无虹膜基因,名字也是来自它所造成的病变。果蝇、鼠和人类的这个基因相似度如此之高,几乎可以归为同一个基因(图8.2),现在这个基因被称为*Pax-6*。

随之而来的问题是,在果蝇和哺乳动物两种不同类型的眼睛里皆发现*Pax-6*基因,只不过是巧合,还是某种更重大的事实所透露的迹象?换句话说,在果蝇和哺乳动物身上的*Pax-6*基因,是偶然进化出来的,还是说这些外观不同的眼睛事实上关系密切,而*Pax-6*彰显了某种共通法则?

Pax-6 蛋白序列

果蝇 LQRNRTSFTNDQIDSLEKEFERTHYPDVFARERLAGKIGL
PEARIQVWFSNRRAKWRREE

鼠 LQRNRTSFTQEQIEALEKEFERTHYPDVFARERLAAKIDLP
EARIQVWFSNRRAKWRREE

人类 LQRNRTSFTQEQIEALEKEFERTHYPDVFARERLAAKIDLP
EARIQVWFSNRRAKWRREE

图8.2 建造眼睛的Pax-6蛋白序列。这是果蝇、鼠,还有人类Pax-6蛋白的部分氨基酸序列,注意果蝇和哺乳动物蛋白质的巨大相似度,还有,人类和鼠的蛋白序列是一模一样的。

愈来愈多的新发现加入眼睛进化的故事。首先,实验已证明,在果蝇眼睛的发育上,鼠和果蝇的*Pax-6*基因可以互换。瑞士的研究人员利用特殊的技术,把果蝇的*Pax-6*基因植入一些眼睛以外的部位,像腿、翅膀或触角等处,这些部位竟然也长出眼睛组织!研究人员接着发现,鼠的*Pax-6*基因若植入果蝇体内，也可以诱发眼睛组织产生。显而易见，这些基因不仅序列类似，而且具有相同的能力。第三章曾提到，除非自然选择介入，否则任何DNA内容都不可能保存下来。因此，基于某些原因，在动物进化过程中，*Pax-6*基因的功能和序列保存了相当长的时间——超过5亿年。

第二个发现是：在其他动物身上，*Pax-6*基因的用途也是建构眼睛组织。以乌贼、真涡虫和纽虫等动物为例，在它们身上也能找到*Pax-6*。经过证实，各种或复杂或简单的眼睛都是由此发展而来的。

既然*Pax-6*基因与这么多动物的眼睛发育有关，就不太可能是单纯的巧合。这其实是有些历史渊源的：动物们的共同祖先利用*Pax-6*基因，发展出简单的眼睛结构，所有由共同祖先进化出来的子子孙孙，便以这个基本的眼睛结构为基础，进化出巧妙复杂的眼睛。

接下来是另一个令人关注的问题和我们的中心主题有关：所谓基本的眼睛结构是什么？它有什么基础物质能够进化出更复杂的眼睛？

关于眼睛发展的基础物质和功能，我们的理解已不仅限于*Pax-6*基因的范围。所有的眼睛都包含可感知光线的感光细胞，以及掌管光线接收角度的色素细胞，据此可以推论，最原始的眼睛就是由这两种细胞构成，亦即达尔文所言："能够叫做眼睛的最简单器官，是由一条视神经形成的，它被色素细胞环绕着，并被半透明的皮膜遮盖着，但它没有任何晶状体或其他折射体。"

事实上，这种简单的双细胞眼睛可以在一些动物身上找到，如海生节肢动物杜氏阔沙蚕（*Platynereis dumerilii*）的幼虫。从受精卵开始发育的第一天，它就拥有一对由上述双细胞组成的眼睛，从前端"往外看"（图8.3左上）。但是不要被这些眼睛简单的结构和外表愚弄了。论及结构和成分，它们和其他复杂的眼睛是一样的。举例来说，这些眼睛的

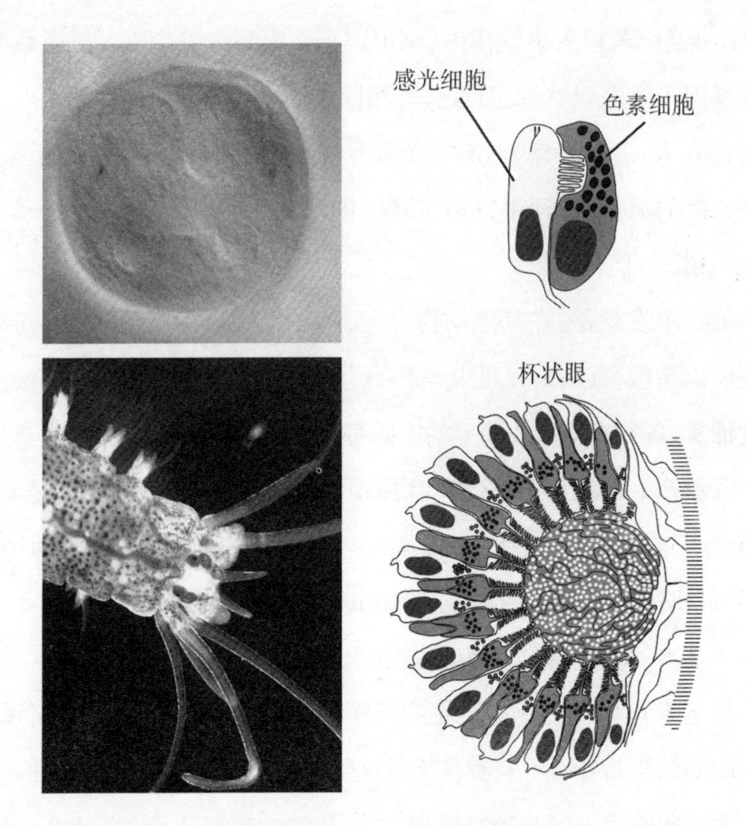

图8.3　沙蚕的简单和复杂眼睛形态。一天大的沙蚕幼虫有一对简单的眼睛(左上),每一只眼睛仅由两个细胞构成(右上)。成虫则有两对眼睛(左下),是由许多细胞组成的杯状结构(右下)。相同的基因建造了这两种眼睛。[左下图片来源:霍华德·休斯医学研究所和威斯康星大学普吕多姆(Benjamin Prud'homme)提供。其余图片来源: Arendt et al.(2002), *Development*, 129:1143,德国海德堡欧洲分子生物学实验室阿伦特(Detlev Arendt)提供,经 Biologists Ltd. 公司许可使用。]

感光细胞要感测光线,靠的也是我们在前几章讨论过的视蛋白。的确,所有动物的眼睛都使用视蛋白来感知光线,对这件事唯一的解释就是,早在共同祖先最原始的眼睛内,就已经有视蛋白存在了,而且从那时候起,视蛋白一直在各式各样的眼睛里负责感知光线。

复杂的眼睛是如何建构与进化的,这也可以在沙蚕的幼虫身上看到实际示范:从幼虫的双细胞眼睛开始,再累积许许多多感光细胞和色素细胞,就发育为成虫的杯状眼睛(图8.3左下)。所谓复杂度,在这个案例中,只不过是将大量的眼睛细胞排列成立体形状——同样的素材,不同的组合方式,而且还用上了相同的工具。在沙蚕眼睛的发育过程中,除了*Pax-6*之外,至少还有另外两种基因参与,这些建构眼睛组织的基因,在果蝇和脊椎动物身上都可以找到。基础的眼睛细胞累积组合起来,虽然架构比较大,但仍旧很原始,这就是沙蚕成虫的眼睛。无论要制作原始的眼睛,还是更精巧复杂的复眼及透镜眼,使用的都是相同的基因。一幅画面于是展开,让我们看见复杂度是如何建构与进化出来的:在发育时,类型不多的细胞大量聚集,便组成复杂的器官;经由进化的过程,同样的细胞和基因已经建构出现今的眼睛组织。不同的动物眼睛结构各异,其实都是用同样的细胞素材和基因"工具"组成的。

这幅眼睛进化的新画面显示,各种眼睛都始于一个简单的起点,即感光细胞和色素细胞的排列组合,再经过不同的进化途径产生,而不是随意拼凑、随机变化的。透镜眼并非从复眼进化而来,反之亦然。如果我们只考虑现今复杂的眼睛形式,可能就会认为,某种形态的眼睛源自另外一种,只是转变如何略过某些介于中间的发展阶段而产生很难看出。但实际上,眼睛不是那样进化的。

眼睛的进化史是由原始变复杂的进化重演过程(图8.4)。自然选择在其中扮演的角色是很容易解释的:从简单的结构开始,逐渐加入增进眼睛功能的要素,越加越多。我们举一个动物门来观察,如软体动物,其中确实可以找到各式各样的眼睛,呈现出不同的复杂程度(图8.5)。瑞典隆德大学的尼尔松(Dan Nilsson)和帕尔格(Susan Pelger)所做的计算机仿真模式显示,选择在微小变异上发挥作用,可以在50万年之内,经由2000个步骤,让一个原生眼睛组织进化成透镜眼。

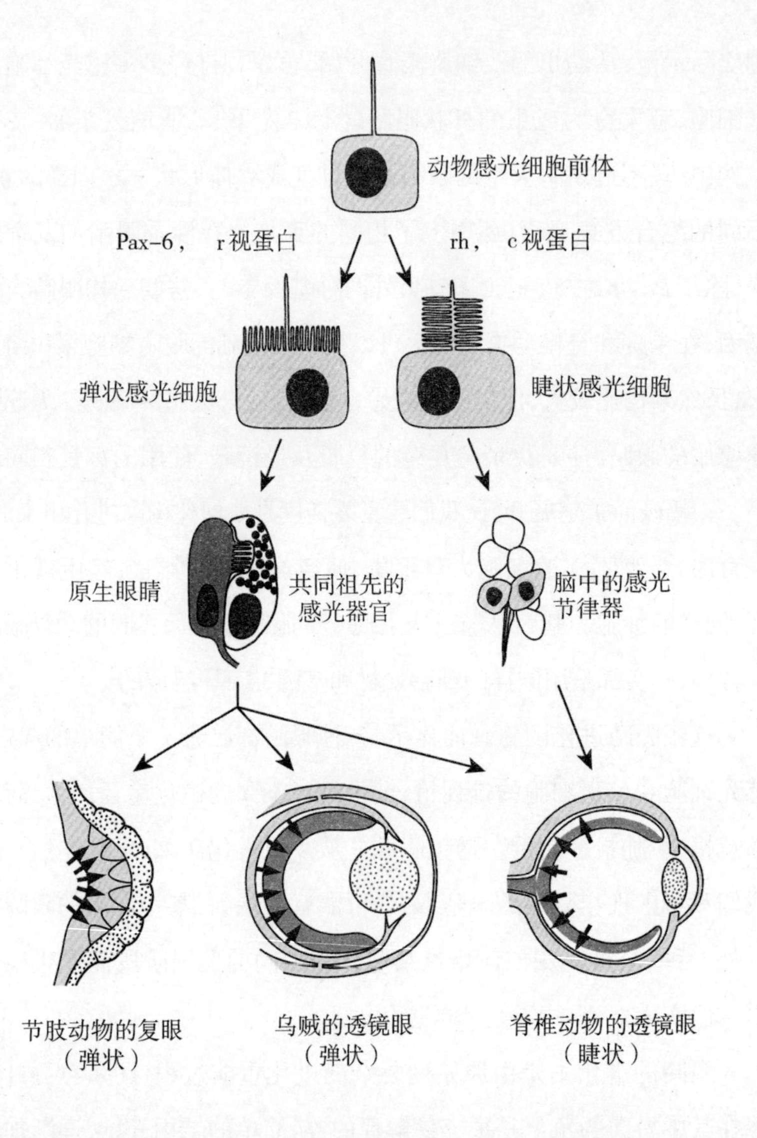

图8.4　复杂眼睛的起源和进化。动物的祖先在*Pax-6*基因的控制下，进化出了感光细胞，并且以视蛋白探测光。复杂眼睛的进化源头，是感光细胞和色素细胞简单的排列组合。左右对称的动物，其共同祖先拥有两种感光细胞：一种是弹状细胞，和原生眼睛的视觉有关；另一种是睫状细胞，和脑中的感光节律器有关。在眼睛的进化过程中，弹状感光细胞被纳入节肢动物和头足纲动物眼中，至于脊椎动物，则两种细胞都有。（奥尔兹绘）

这些关于眼睛进化的推论，有助于解释某些奇异而有趣的形态差异。比如说，在人类眼睛里，感光细胞是背对着光源排列的，位于眼睛后方；乌贼眼睛的感光细胞则是正对光源而排列，位于眼睛前方（图8.4）。很难想象（也不用去想象），一种结构排列是如何起源自另外一种。要进化成透镜眼，方法显然不止一种，头足纲动物和脊椎动物就找到了不同的途径。

眼睛进化另一个令人心生疑窦的部分，和感光细胞的不同有关。在人类和其他脊椎动物的眼睛里，由视锥细胞和视杆细胞负责感光，它们是所谓的睫状细胞，而乌贼和苍蝇的感光细胞是弹状细胞，两者的区别在于感光细胞的细胞膜（膜上嵌有视蛋白，膜面积越大，带有的视蛋白越多）向外拓展的方式不同（图8.4）。这项差异也是一种证据，证明

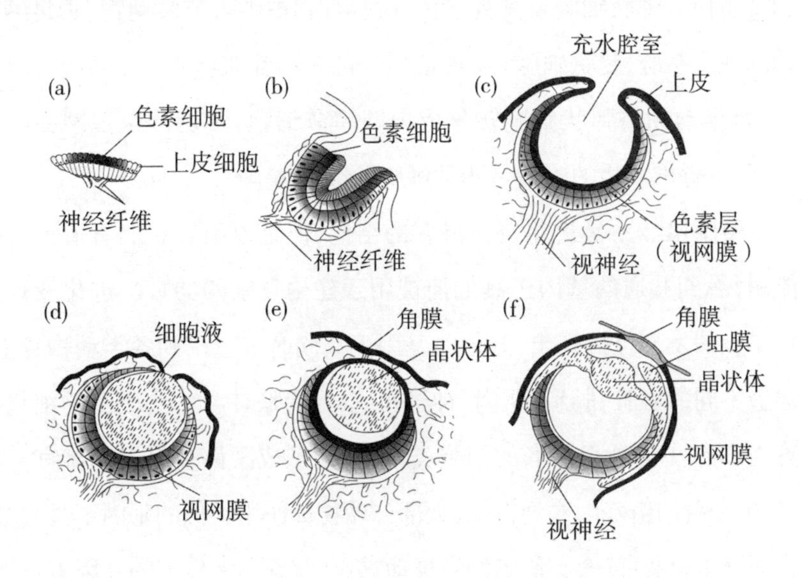

图8.5　在软体动物身上发现的各种眼睛进化阶段。软体动物的眼睛结构可以从简单的色素眼点(a)到杯状眼睛(c)、充满细胞液的眼睛(d)、以晶状体覆盖的眼睛(e)，还有乌贼的复杂眼睛(f)。（图片来源：M. W. Strickberger, *Evolution*, copyright © 1990 by Jones and Bartlett Publishers, Boston，经允许使用。）

脊椎动物和其他动物在眼睛方面的进化,各有其独立的源头。

同样是来自微小的沙蚕的新发现,解开了眼睛和感光细胞的起源之谜。在德国海德堡的欧洲分子生物学实验室,阿伦特和他的同事注意到,在沙蚕发育中的大脑里,一些有"睫毛"的细胞与脊椎动物的感光细胞有着令人惊讶的相似度。更深入的研究指出,这些细胞也表达一种视蛋白,将这种视蛋白与其他动物感光细胞中的视蛋白相比较,发现它与脊椎动物视蛋白呈现出来的相似度,居然超过了与成熟沙蚕和其他非脊椎动物视蛋白的相似度。这些脑部的"睫"视蛋白(c视蛋白)控制着沙蚕的生物钟,而非视觉。欧洲分子生物学实验室的研究人员证实,沙蚕这种无脊椎动物同时带有两种感光细胞和视蛋白,这项发现令人联想到,沙蚕、乌贼、脊椎动物的共同祖先也同时带有两种感光细胞和视蛋白。弹状细胞及其视蛋白(r视蛋白)被纳入节肢动物、头足纲动物的视觉系统,睫状细胞和c视蛋白则进入脊椎动物的视觉系统。(事实上,脊椎动物将弹状细胞转化成视网膜节细胞,负责传送视网膜的信息,所以脊椎动物的眼睛是两种细胞的综合体。)

眼睛虽然不是进化费力最多的结构,但足以引导我们看清进化的能耐,看到共通的基因工具如何被用于建构复杂的器官。进化发育生物学上的发现也揭露出,共通的基因工具同时被应用到各类动物身上,建造不同的心脏、肠道、肌肉、神经系统,还有肢体。一些类型的细胞和感光细胞一样是很古老的细胞类型,它们形成了许多组织和器官。再者,现在我们由基因序列得知,大部分动物都使用类似的基因工具组,来建构身体和器官(人类所属的脊椎动物亚门,确实有较大的基因工具组,因为曾发生过一些大规模的基因组重复)。这让我们明白,基因工具本身相当古老,远在共同祖先分化出现代生物形态之前,就已经存在了。

这位共同祖先的身份不明,如果要勾勒这个动物的大概轮廓,或许会是一只悠游海洋的柔软小生物，就像沙蚕的幼虫那样（图8.3左上），身上带有完整的基因工具组、各种细胞形态，以及简单的器官——这些大概就是大部分动物进化的基础。

这些关于发育和基因工具组的新发现，让我们直接明白复杂组织进化的过程，但是也带来一个矛盾的议题，那就是：那么多细胞与基因都是相同的，怎么会在物种形态上进化出如此庞大的差异？

多样性是相似基因不同用法的产物

在深入探索形态的进化之前，我要先强调Pax-6等工具型蛋白质与之前提到的各种蛋白质的差异。视蛋白、珠蛋白、核糖核酸酶和嗅觉受体等，都是直接负责**生理功能**——视觉、呼吸、消化和嗅觉等的蛋白质。至于Pax-6和其他工具型蛋白质，则是负责塑造动物的**形态**——控制身体部位的数量、大小、形状，以及体内的细胞类型。大部分工具型蛋白质直接或间接管理众多基因，监督不同的基因应该在什么时机登场、又应该在哪个部位发挥作用。Pax-6的戏剧性效果——如果它失效，眼睛就不会出现；无论它在哪个部位，一旦产生效用，就可以导引那个部位产生眼睛组织——因为它能够影响许多基因和许多发育步骤。此外，Pax-6和其他工具型蛋白质还有很多工作要做，那就是建构身体的各个部位。以Pax-6为例，它也负责建构哺乳动物的大脑和鼻子；有些工具型蛋白质可能任职于10个、20个，甚至更多的身体部位。

负责生理功能的蛋白质和负责塑造形态的工具型蛋白质有一个重大的差异，就是这些蛋白质发生突变后的结果：视蛋白的突变会影响眼睛能感测到的光谱范围，工具型蛋白质的突变却可能会让眼睛完全消失，或者在身体其他部位产生类似的影响。总之，工具型蛋白质若发生突变，通常会造成重大缺陷，而且无法修补。所以重要的结果就是：要促进形态的进化,通常是改变工具型蛋白质的使用方法,而不是改变蛋白质本身的结构。

我接下来要举两个例子,可以示范动物形态经由改变部分DNA而进化——改变的不是编码蛋白质的DNA,而是管理基因工具组使用方法的DNA。这部分的DNA内容较不为人知,却是开启知识之门的钥匙:变化多端的身体结构,是如何使用相同的工具组制造出来的? 欲知详情,全得看它了。

如果将大而复杂的动物视同建筑物,最明显的特征之一,就是这些建筑物的架构源自众多重复的部位。组织和器官是由细胞聚集而成的小积木所建构,动物的身体则往往是由许多大积木所建构。举例而言:体节是建构节肢动物(昆虫、蜘蛛、甲壳纲动物和蜈蚣)的积木,椎骨是建构脊椎动物(包括人类在内)脊柱的积木。许多结构就是来自这些积木的反复堆积,像节肢动物的附肢(腿、爪、翅膀和触角等),还有脊椎动物的肋骨。动物身体大规模进化的普遍趋势之一,跟重复部位的数量和种类的改变有关:要将节肢动物加以分类,主要的依据是它们体节和附肢的数量;同样地,脊椎动物的椎骨在数量和种类(颈椎、胸椎、腰椎和骶椎)上也有许多差异。

重复结构在数量和形式方面有所差异,此种现象不仅存在于较高分类等级的物种之间,也呈现在亲缘关系密切的物种或种群之间。比如说,北美湖泊中的三刺鱼就有两种形态—— 一种住在浅水底部,鳍棘较少;另一种住在开放水域,有完整的鳍棘(图8.6)。位于鱼类腹鳍的鳍棘,事实上是腹鳍的一部分,而腹鳍和胸鳍两者是重复的结构。腹鳍硬棘长度是在捕食者的压力之下,由选择决定的:开放水域中,较长的鳍棘可以让这些鱼不被大型捕食者吞下;但是在水底,长的鳍棘反倒成了累赘,因为蜻蜓幼虫可以抓住幼鱼的鳍棘,将它们吃掉。

这些三刺鱼的进化是相当晚近的事件。大约1万年前，在最后一次冰期，后退的冰河形成湖泊群，居住湖中的海洋种三刺鱼迅速、重复地分化出长、短鳍棘两种种群。此外，异常的化石记录也揭露了三刺鱼快速的进化过程。

正因为这两种三刺鱼是近期才进化出来的，所以它们之间还是可以交配、产下后代，这让基因学家得以追踪不同身体形态的基因变化。最近，金斯利（David Kingsley）、施吕特（Dolph Schluter），以及他们在斯坦福大学和加拿大不列颠哥伦比亚大学的合作者，已经将负责三刺鱼不同性状的基因标记出来，腹鳍便是性状之一。如何经由工具型基因使用方式的改变，而进化出重复的结构？腹鳍的进化揭示了答案。

住在水底的三刺鱼腹鳍硬棘变短，是因为腹鳍芽体的发育程度不足。腹鳍骨骼变短的基因，最近已经辨认出来，称为*Pitx1*，是很典型的工具型基因——还在鱼类的发育中负责好几样工作，并且能够控制其他基因，它在其他动物身上也找得到。以鼠为例，*Pitx1*基因让它们的后肢和前肢不同（四肢又是另外一种重复的结构）。

从化石记录可以得知，腹鳍是四足动物后肢的前身。在鱼类腹鳍和哺乳类后肢的发育过程中，都使用到了*Pitx1*基因，就是这段生物史最好的佐证。不过这里要强调的重点是，这种鱼如何通过改变*Pitx1*基因来缩小腹鳍骨，而不影响同样也有*Pitx1*运作的其他身体部位。

比较长短鳍棘两种鱼的Pitx1蛋白，出现了一条重大的线索——它们之间没有任何差异。

等等，我刚刚不是才说过，*Pitx1*的改变让它们的腹鳍骨产生差异吗？没错，我是这么说的。这么显而易见的矛盾，可以用我们对基因的认识来解决：除了基因的编码序列之外，每个基因还具备形同**调节器**的DNA序列，在这些调节器DNA内，插满类似开关的机制，它们负责决定基因该如何使用。每个工具型基因可以有很多开关,分别控制着基因在不同身体部位的使用,这些开关的功能来自DNA序列,一旦序列发生变化,它们的工作方式就会跟着改变。这些开关有一个重要的特点:变更一个开关,不会影响到其他开关的功能。这其中大有玄机,因为可以从中窥察形态是如何进化的:工具型基因发挥效用时,能够针对某个结构进行微调,而不影响其他结构。

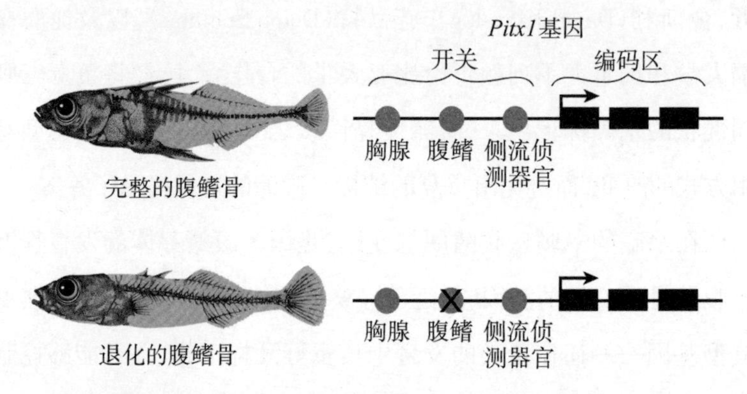

图8.6　三刺鱼腹鳍骨骼的进化。许多湖泊中有两种三刺鱼并存,住在水底的三刺鱼腹鳍骨骼退化的原因,在于*Pitx1*基因的一个开关改变了(标×处),这个开关控制着*Pitx1*在腹鳍发育中的使用情况。(奥尔兹绘)

在腹鳍骨缩小的三刺鱼身上,*Pitx1*基因在腹鳍骨的发育中根本没有发挥作用。控制*Pitx1*在后肢中使用方式的开关发生改变,让选择得以作用在三刺鱼骨骼的这个部分(图8.6)。这是一个强有力的实际范例,显示了身体结构的重大改变是可以迅速发生的。

在脊椎动物的进化史中,后肢的退化发生了好几次。鲸目动物和海牛的陆栖祖先迁入海中生活时,后肢退化;蛇类和蛇蜥则是四肢全部退化了。身体形态和复杂结构的改变是如何达成的,除了三刺鱼之外,能够充当进化范例的动物其实还多得很。

说起形态进化,结构的退化或消失只是其中一个方面。我们当然还想知道，新的特征又是如何进化出来的？在下一个故事中，基因开关的进化再次成为主角。

变化无限的果蝇最美丽

整个动物界中，鸟类、蝴蝶和热带鱼大概是最美丽、最缤纷多彩的种群，但是就生物学的研究领域而言，少有动物能与果蝇争妍。果蝇建构身体的基因揭晓之后，为发育生物学和进化发育生物学带来无限希望。科学家最近发现，果蝇翅膀虽然不及鸟类或者蝴蝶翅膀鲜艳，却帮了新性状进化研究一个大忙。

实验用的黑腹果蝇有着浅色的翅膀，但瞧一瞧和它同科的近亲们，翅膀花纹的式样可就多得令人眼花缭乱（图 8.7）。其中许多品种的花纹仅属雄蝇，在求偶时，它们会在雌蝇面前舞动招摇。常见的花纹是在翅膀尖端有一团黑点。

在我威斯康星大学的实验室里，我们追踪出这些花纹的由来——它们是从既有基因中进化出新形态的绝佳例证。

这些黑点来自合成黑色素的酶，它们恰似工具组中的油漆刷。在翅膀有黑色花纹的果蝇身上，这些“油漆刷”用来绘出黑色的部分，花纹就由这些油漆刷基因上的开关所控制。在黑色斑点的进化过程中，油漆刷基因上的开关产生一些变化：要进化出边界清晰的黑色斑点，并非一蹴而就，而是经过一长串步骤才能获得的成果。所以，这些斑点看似“简单”，底下的学问其实可复杂了，充分的时间加上累积的变异，形状和颜色终于描绘得如此鲜明——就跟我们所能想到的大部分生理性状一样。

油漆刷基因在翅膀上该如何作用，有一个开关专司此事，这个开关曾经发生的变化，我们已经标记出来了（图 8.8）。油漆刷基因还有其他

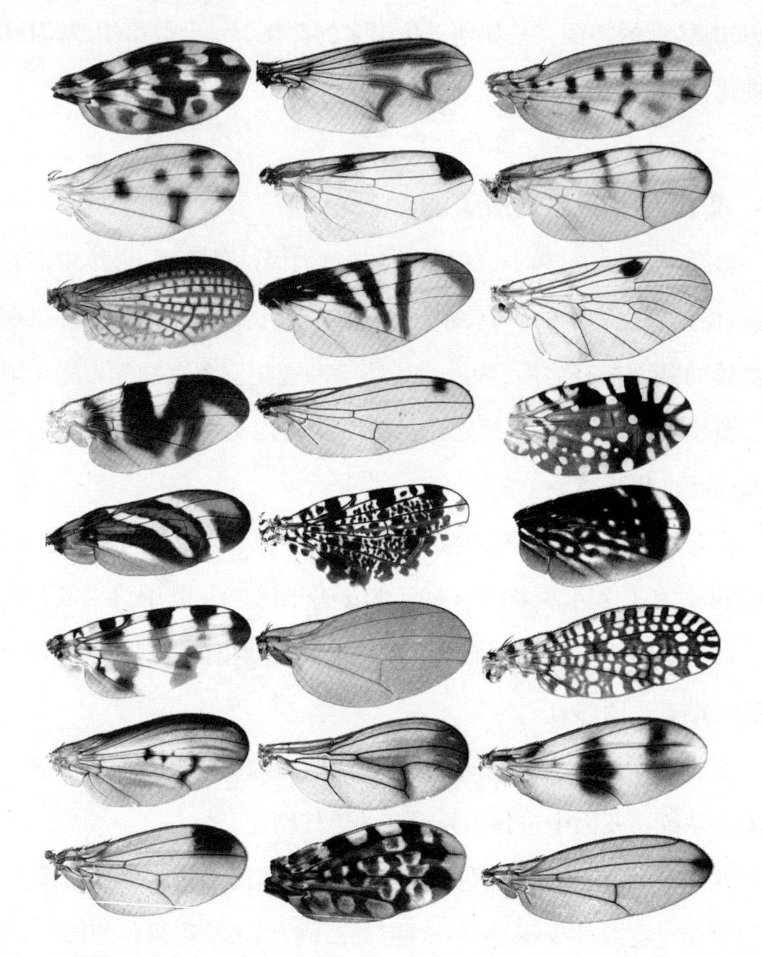

图8.7　果蝇翅膀花纹的多样性。这些小小的昆虫翅膀，是同一组工具型基因可以创造出无限变化的绝佳例证。[贡佩尔(Nicolas Gumpel)和普吕多姆剪辑合成]

多个相互独立的开关，分别负责不同的身体部位(好比胸部和腹部)，或是负责其他发育阶段(如果蝇的幼虫)。所以我们再次看到了独立开关的功效：让工具型基因能够改变身体某部分的形态，而不会牵连到其他部位。在其他物种中，不同的基因开关都曾经被修改过，用以产生其他的花纹。

黑色斑点进化出来之后，许多后代都会遗传到这个性状，然而有些

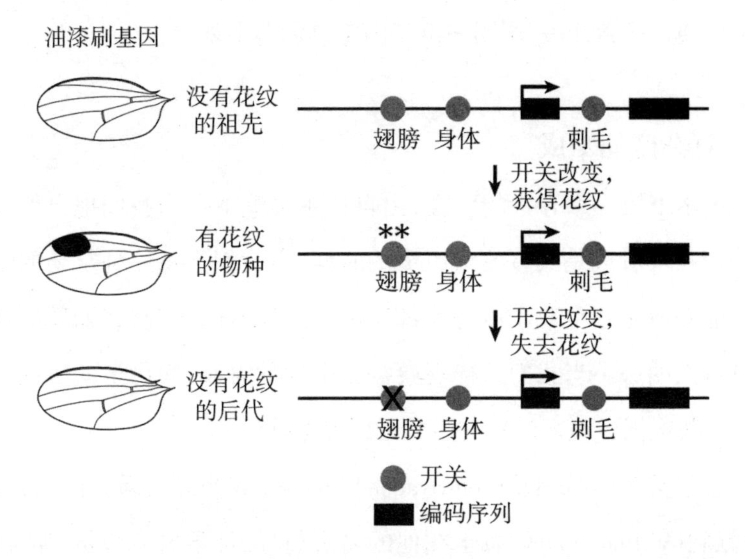

图8.8　通过油漆刷基因的开关获得和失去翅膀花纹。从翅膀上没有花纹的祖先，进化出带有花纹的后代，关键在于控制使用黑色油漆刷基因的开关（标星号处）。在翅膀的发育过程中，这个开关决定了基因的使用。翅膀失去花纹（对其他身体部位毫无影响），是因为翅膀花纹基因的开关（标×处）发生突变。（奥尔兹绘）

后代偏偏又失去这个性状，这就很耐人寻味了。性状会在进化中消失，这类事件频繁的程度超过大家的认知。就翅膀斑点而言，雌蝇就有可能停止对此性状的选择作用，一旦维持这个性状的压力放松，斑点就从雄蝇翅膀上消失了。我们审视了斑点消失的机制，发现控制斑点的开关累积了多重突变，终至失效——就像我在第五章提到的化石基因。蛋白质会随着突变产生而消失，开关也是会失效的。不过与化石基因相比，还是巧妙各不相同，那就是即使单一开关停止运作，油漆刷基因依旧持续为果蝇其他身体部位上色。

在性选择和自然选择的作用之下，蝇类的色素基因开关进行各种调整变化，进化出大量不同的翅膀花纹。这些小昆虫的翅膀之所以深具价值，就在于它们以实际的图解范例说明：看似变化无穷的花纹，其实可以通过摆弄开关,用同一组基因工具创造出来。

复杂度的塑成

这本书第一章开头的引文,出自达尔文笔下:“当我们把自然界的每一产品都看成是具有悠久历史的时候;当我们把每一种复杂的结构和本能看成是各个对于所有者都有用处的发明的综合,有如任何伟大的机械发明……当我们这样观察每一生物的时候,博物学的研究将变得——我根据经验来说——多么更加有趣呀!”

达尔文使用“发明”(contrivance)一词,深具修辞效果,并且自有出处:佩利(William Paley)教士在他的名著《自然神学》(*Natural Theology*, 1802)中就使用过这个术语。在佩利眼中,自然界有许多针对特定目标的发明,都彰显出神的意图:“一项发明,一定有其发明者;一项设计,一定有其设计者。”达尔文相当欣赏佩利的作品,自称对其中大部分内容倒背如流。纵使如此,他还是在《物种起源》中反驳了佩利的设计论。

达尔文能够超越佩利和其他思想家,是因为他领悟到时间的无穷无尽。他在地质学方面的涉猎让他了解到,微小改变累积而成的力量何其之大,发展出巨大改变的时间何其漫长。他的想象力——或领悟力,超过那些只晓得依赖《圣经》(*Bible*)解释地球年龄的人。为了克服大众根深蒂固的质疑和反对,达尔文知道他必须收集充分的证据,寻找最适当的分析和比喻,还要撰写最具说服力的篇章。要引导世人去想象这些复杂的结构和发明,困难程度早在达尔文预料之中,但他也知道,所有的辛劳都将获得回馈。

时至今日,进化的全貌仍然在持续揭晓当中,对DNA记录的解读,也使我们得以回顾进化的程序与历史。发育生物学为我们开了一扇窗,让我们能以较小的时间尺度,来观察复杂组织的构成经过。鲸、龟、鱼、蟹和大堡礁珊瑚是复杂的动物，但它们都从受精卵开始，经过了数天、数周或数月的发育，形成完整的个体。关于它们身体上许多复杂部位的构成方式，我们现在已经了解得很透彻了。进化发育生物学将每日进行的发育过程，与长时间改变形态的进化过程结合起来——将千千万万个世代以来的所有改变，累积至胚胎发育过程。而DNA记录，则协助我们重新建构进化的每一个步骤。

把生命视为某种外来智能体的设计作品，这种论点现在已经站不住脚了。

很难想象会有人在看过这些事实之后，还能提出任何合理的怀疑。这些事实的来源是解读基因的科学技术，它破解了引发数百种疾病的多个遗传过程、发明了许多新的药剂、改革了法医鉴定与农业技术。不过，即使面对这么多证据，针对生物进化论的反对质疑声仍旧持续。为了了解这些反对者的声音，我们接着要离开科学证据的领域，因为这些反对者的理由并不科学，而是文化上的质疑。通过历史案例可以看到，某些团体之所以反对新的科学知识，为的是个人利益及意识形态。

现在让我们进入餐后的聊天时光。

第九章

眼见为凭

只要去想，你就会知道……各种人类的科学都是基于推理演绎，通过这个缓慢推进的过程，我们即可由结果反导出成因。

——巴尔扎克(Honoré de Balzac)，

《人间喜剧》(*La Comédie humaine*, 1845)

▲
位于法国巴黎布勒特伊广场的巴斯德塑像。(感谢普吕多姆提供照片)

它被称为罪恶之屋。

在这间法国乡间的诊所，许多女病人死于感染，几乎无人幸免。诊所创办人宣布：谁能解决这个问题，就铸一尊金像表彰他。在巴黎的医学院里，学术界掀起一阵困惑——疾病是经医者之手传播的？一名医生对此说法嗤之以鼻，听众席内有人愤怒地跳出来对他吼道："杀害这些妇女同胞的凶手就是你们！你们这些医生把病人身上的致命病菌带到了健康人身上。"

这位怒吼之士就是巴斯德。

当时是1879年，距离霍姆斯（Oliver Wendell Holmes）和塞麦尔维斯（Ignaz Semmelweis）提议以洗手来预防产褥热，已经有30年了；距巴斯德证明空气中遍布的微生物会在适当环境下生长，从而破除了大众以为它们是自发产生的荒诞说法，也已经有20多年。但此时病原微生物理论（germ theory）尚未获得认同，更别说实际应用这个理论。

有些欧洲的医生和神职人员认为，产褥热是神对产妇产下婴儿一事的惩罚。这些人的观点如果转变，将代表双重意义：他们不仅同意致命感染起源于肉眼看不见的东西，还承认医生是会散播疾病的。

必须要有更充分的证据，顽固的质疑才会不攻自破，这就是巴斯德和当时学者努力的方向。德国学者科赫（Robert Koch）使用更精良的新型显微镜，辨识出引发炭疽、霍乱和结核病的细菌；苏格兰外科医生李斯特（Joseph Lister）将巴斯德的理论扩展，发明消毒伤口和医疗器械的方法，手术的死亡率因此下降70%。

巴斯德本人提供的例证更具说服力。19世纪70年代，法国的牛羊超过半数罹患炭疽病而濒临死亡，尽管细菌培养不易，他还是成功制造出疫苗，1881年施用后，证明是有效的。

包括加热杀菌，以及传染病的防治在内，许多改善卫生的理论都以病原微生物理论为基石。巴斯德备受推崇的原因不止于这些贡献，还因为他将理论具体化。他研究手边所有的数据，提出假说，并设计严谨的实验来验证这些假说，最终将理论和实验转化为新的知识。

巴斯德这样论述实验证据的重要性：

假想带着我们的思想翱翔，但总需要具有决定性的实验证据，并使用收集到的数据做出解释和结论。假想必须经过实验结果的验证。

我们现在会觉得不可思议，医学界怎么可能自愚愚人这么久？这话其实有点像在放马后炮，因为要记住，长久以来，医生们一直都被要求去相信某些看不见的东西。而对他们还有大部分人来说，眼见才能为凭，我们只相信自己亲眼看到的事物。在科学发展史上，对于新概念的发现和接受而言，新的观察方法扮演了很重要的角色。病原微生物理论的证据——在显微镜下、在农场上、在诊所里——消除了所有疑虑。

达尔文当然赞成巴斯德关于科学研究的学说，不过达尔文的理论有一个劣势，便是无法在他有生之年得到验证，更别想目睹大众心服口服的场面。跟巴斯德一样，达尔文先提出假设，假设自然界中有某种看不见的力量，但他没法把什么东西注射到动物体内，让动物进化成不同形态，也不能在显微镜下看到进化的过程。于是达尔文极尽所能收集一切证据，以地质学、化石、家禽家畜的育种，以及博物学家对动植物的丰富认知等，作为他理论的佐证。然而进化的时间规模之大，阻碍了直接观察物种变化的可能性，而且就像病原微生物理论一样，进化论也遭遇到顽冥不化者的质疑反对。

在达尔文身后近150年的今天，我们已经能“看”到证据了。我们看待自然界的多样化，用的不再是“未开化人看船”般的眼光。新的DNA记录中，进化过程的证据相当充足，但还是有很多人——非常非常多——既不去看科学家所见，也不相信科学家的结论。

本章标题借用帕内克(Richard Panek)的大作《眼见为凭》(*Seeing and Believing*)的书名,该书的主题是望远镜,包括望远镜的发明过程,以及它如何改变人类对天空的概念、对自身在宇宙中定位的观点。和达尔文一样,伽利略被拒绝新概念的当局所抵制,但伽利略的观察与见解都是有凭有据的,终究将顽抗的意识形态彻底击溃。自然选择、遗传和漫长的生命史都有看得见的证据,对目睹这些证据的人来说,实在无法理解为什么会有那么多人视而不见。总是有人能否定数不胜数的证据,诋毁人类努力达到的成就,这着实令人震惊、愤怒。

已经进入21世纪了,在这么多证据面前,为什么这些质疑否定的声浪可以一波接一波,甚至声势不断壮大呢?

我将在这一章迎击这些反对进化的谬论,在此之前,我想先通过一些科学证据被忽视的历史案例,说明否定者的动机。伽利略事件常被视为科学和宗教冲突的范本,虽然类似的故事不断重演,但那个时代或许离现在已经很遥远了。再说,反对进化论的动机纵使来自宗教,也不表示宗教总是站在科学知识的对立面,也并非所有的教派都对进化科学有意见——请不要过度解读宗教界的立场。因此,我暂且不重述那些古老的历史,而是先提出两个近代的案例,虽然它们不甚出名,不过,欲知抵制20世纪生物学的力量何等顽强,这两个事件着实让人领教了。第一个事件牵涉到基因科学和遗传基础DNA,20世纪30—50年代,苏联掌权的生物学家一直全盘否定这些学说,这些狂热分子摧毁了苏联的生物学。第二个事件则和脊柱按摩师有关,他们一开始反对的是病原微生物理论,接着是疫苗接种的科学与医疗价值。

我提到的法国医生、苏联生物学家和脊柱按摩师等人,都将意识形态和个人利益置于科学知识之上,今日的进化论反对者亦如是。巴斯德曾说过:“知识是人类的世袭财产。”既然有人威胁到这笔遗产,我们就应该了解这些人的动机和策略，并且在必要时主动揭发其阴谋，大无畏地批判他们的误导行径，这样才能够保全这份财富，让它不断增值。

苏联生物学人民委员

李森科（Trofim Denisovich Lysenko，1898—1976）是一个没有受过多少教育的农夫，却成为最高苏维埃的代表，并且跻身三个学术机构的会员，还担任苏联科学院遗传学研究所的所长。他曾3次被授予斯大林奖，获社会主义劳动英雄称号，还8次获得代表最高荣誉的列宁勋章。李森科掌控苏联的生物、农业和医药等领域，时间超过25年。

图9.1　李森科。

他同时也将之摧毁。

李森科的故事很长，相关书籍有好几本，内容都是描写他的崛起、他的政治阴谋、他对斯大林（Joseph Stalin）“大清洗”行动的贡献，还有，尽管他科学素养低下，却像乌云般长期笼罩苏联生物学界。其中最撼动人心的两本记述，出自李森科和当时苏联政治体制之下的受害者梅德韦杰夫（Zhores Medvedev）和索厄费尔（Valery Soyfer），前者的《李森科浮沉录》（*The Rise and Fall of T. D. Lysenko*），后者的《李森科和苏联科学悲歌》（*Lysenko and the Tragedy of Soviet Science*），都是勇者笔下的巨著，作者为了真理做出重大的自我牺牲。

对于这桩重大悲剧，或者科学家们反抗李森科之后所遭遇的苦难，我无法在简短的叙述中做出什么评论。我会把重点放在一些关键的转折点上，显示李森科在当权时期对苏联生物学界的毁灭性作用。

20世纪早期，孟德尔学说复兴之后，摩尔根（T. H. Morgan）引领了基因和遗传特性的研究，他用果蝇做实验，在遗传学领域有了前瞻性的重大发现，因而在1933年获得诺贝尔奖。人们终于知道基因是细胞内的特殊成分，也是突变发生之处，这些认知解释了物种的异同。遗传学立刻成为全世界的关键学科，在苏联也不例外。

然后李森科登场。

李森科原在阿塞拜疆的占贾植物育种站担任助手，被委派了一项简单任务，这成了他崭露头角的工具。他的主任瓦维洛夫（Nikolai Vavilov）是苏联当时著名的生物学家，曾在贝特森门下学习。贝特森是英国科学家，他将孟德尔的学说推广到全世界，并且发明了“遗传学”这个词。瓦维洛夫也曾环游世界，搜集了许多植物标本，享誉国际。十月革命后的苏联，农业专家的首要任务之一就是快速提高农作物产量。在农业集体化时期（1928—1932年），苏联遭受到农作物歉收和牲口锐减的双重打击。

李森科尝试移植来自更高纬度的植物。他选了豌豆,这些豌豆应该可以撑过冬季,并在春季种植棉花时成为牲口的饲料。他很幸运,第一年冬天不太冷,他的计划相当成功,《真理报》(*Pravda*)大肆宣扬李森科的成果,还把他封为"赤脚教授",说他"现在拥有追随者、学生,还有块实验农田。农艺领域的杰出人物在冬天造访育种站,站在绿油油的农田前,感激地握着他的手"。这个愚鲁的小农夫见识到了宣传的力量。但是他的实验成功记录未能保持,第二年的冬季豌豆失败了。

他接着把注意力转向"春化处理":夏季的农作物留下的种子经过低温干燥处理,便可在冬季派上用场。当他父亲在村里的农田种下春化处理过的小麦,他吸引了更多来自《真理报》的目光,随着成功的"实验"而来的,是许多歌功颂德的报道,宣称那是"非比寻常的大发现……来自卓越的实验数据",以及"伟大的观点,前途不可限量"。索厄费尔将可资利用的证据加以归纳,得知这些收成数据都是假的,并解释为何会有这些报道:

> 他们马上相信奇迹的力量,认为手中握有无限希望。他们都被点石成金的虚假承诺所引诱,不肯面对现实、努力工作、巩固农业的基础。光明的未来就在前方,整个苏联生活在不切实际的神话与幻想中。普通的劳工大众就能创造出奇迹……这样的观点很符合他们的胃口。

李森科提倡春化作用,被提拔到新设在敖德萨的春化部门,就在那里,他发展出一套解释春化作用的理论。理论的基本原理是:植物的遗传变异是对环境影响的响应。这完全是拉马克学说的概念:生物能将自身得到的能力特征传给下一代。在当时的苏联,这个理论受到广大回响,因为它引导大家由自然联想到人类,二者都可以塑造成合意的样貌,而且不受历史或遗传限制。

李森科对正在兴起的遗传学的认识仅限于皮毛，论战就此爆发。李森科与其他遗传学家（包括他的前辈瓦维洛夫）之间的冲突，成为苏联生物学接下来20年的写照。

李森科声名远播，农业部官员只听他们想听的。李森科的下属们很快就懂得，只能让他看他想看的结果。在他的方针之下，春化作物尚未经过进一步检验，就开始大量种植，在上一批作物种植失败的案例被写入记录之前，另一批作物又种了下去。李森科发表的种植成功记录，多半只是个案或错误的数据，大部分都缺乏严格的实验对照。

李森科的"成功"，给使用遗传方法改良作物的育种人员造成了相当大的困扰，遗传育种缓慢而稳定的上升成果无法满足领导，当局要看的是迅速上升的数据。

李森科与他的助手用"实践"结果来吸引注意力，他们和那些做"纯科研"（比如研究果蝇）的科学家之间关系的紧张度节节上升。对正处于压力之下的苏联农业而言，遗传学可能成为绊脚石，况且它好像没啥效果，所以说遗传学是"有问题的"。尤其是，它是西方科学家提出的，形同资本主义的走狗。

李森科平步青云，对遗传学的攻击也随之变本加厉。针对遗传学而提出的"新理论"当中，李森科彻底否认基因，也否定世上有任何会自我复制的物质存在。

李森科和遗传学家之间的对垒更加公开、频繁、激烈，遗传学和恐怖的纳粹法西斯主义甚至被画上等号。与此同时，李森科的农业计划可谓是连遭灾难：春化小麦田一片贫瘠，蔬菜供应量下降，一项马铃薯项目完全失败。长久以来食物短缺的情况因此更加恶化，遗传学家得到机会反击，群起挞伐："如果大学者李森科能稍微顾及现代遗传学，他的工作会轻松许多……他否定遗传学和选择的遗传基础，却又没能发展出任何新的理论。”

1939年,双方进行了一场“公开”讨论,身为李森科昔日导师和支持者的瓦维洛夫毫不留情地批判道:“李森科不只是在和苏联的遗传学家作对,也在和现代生物学作对……他打着先进科技的旗帜,要我们回归19世纪前期的过时思想……我们要维护的是具有创意的理论、精确的实验,还有苏联及世界的现实。”

李森科如是回应:“我不承认孟德尔思想……也不认为孟德尔和摩尔根的遗传学是现代科学。”

1939年在爱丁堡举办的国际遗传学大会,连同身为大会主席的瓦维洛夫在内,没有一个苏联科学家出席。后来瓦维洛夫被判枪决,写了许多诉状后终于获准减刑,最终惨死狱中,时年55岁。

图9.2　瓦维洛夫。他曾身为享誉国际的植物学家(左),后遭到判刑(右),1943年死于狱中。

“李森科主义”笼罩苏联生物学界多年,直到1953年。1953年也是生物学值得大书特书的一年:沃森(James Watson)和克里克(Francis Crick)揭晓了DNA的双螺旋结构。所以说,遗传学本质已有了铮铮铁证,这能使得风向转离李森科和他的党羽吗?

才怪。

脊柱按摩师

英文chiropractic(脊柱按摩疗法)源于希腊文cheiro(手)和praktika(“实际的”或“操作的”)。19世纪晚期,丹尼尔·帕尔默(Daniel David Palmer)把这项概念建立起来。帕尔默是美国中西部的杂货商,也是“磁疗”治疗师。他有一位病人在意外中失去听力,任何治疗都无法改善,但他注意到那位病人后颈有一块不寻常的突起,就在第四颈椎附近。帕尔默认为只要那块颈椎骨归位,病人的听力应该可以复原,他把那块颈椎骨压回原位,并且宣告病人很快就会恢复听力。他的言论有点让人惊讶,因为听觉神经没有经过颈部。但这仍然成了脊柱按摩疗法的起源和帕尔默的“大发现”。

帕尔默扩展他的理论,认为几乎所有疾病都是源自神经系统,由移位的脊椎骨压迫神经造成。在艾奥瓦州,他创立了一所学校(目前仍在经营中),教授他研发的脊椎矫正法,并任命他的儿子巴特利特·帕尔默(Bartlett Joshua Palmer)负责运营。小帕尔默让他父亲的理论更上一层楼,依他的解释,人体原本就具有所谓“内在智能”的生命之力,脊柱按摩疗法借这股与生俱来的力量排除干扰,便能够让身体自我复原。

这项基本信条和医学界的观点相抵触,医学界认为传染病是由病菌造成的。小帕尔默驳斥这种主流思想:“脊柱按摩师已经发现,一切传染性疾病都源自脊椎。”脊柱按摩师反对病原微生物理论,连接种疫苗也在他们的反对范围内,直到今日仍坚持不改。其中最黑暗、影响最深刻的一页故事,围绕着脊髓灰质炎疫苗展开。

1954年是索尔克(Jonas Salk)脊髓灰质炎疫苗投入使用的前一年,

在美国大约有38 476起脊髓灰质炎病例。1955年是28 985起,1956年病例数下降到15 140起,到了1961年,只剩下1312起。

卫生当局以此成就来鼓励民众接种疫苗,但是脊柱按摩师冥顽不灵。各方代表提出的信息中,包含一些耸人听闻的无知言论,有些人则是质疑疫苗的效果。在《国家脊椎矫正协会期刊》(*Journal of the National Chiropractic Association*)中,有一篇文章以问句为标题:"和脊髓灰质炎搏斗的试管药剂失败了吗?"这篇文章力劝大众"应该在急性脊髓灰质炎发作的开头3天,对整个脊柱进行按摩调节",而不是接种疫苗。

根据美国卫生局局长的意见,新近发生的脊髓灰质炎病例中,10起中有9起是没有接种疫苗的人(索尔克疫苗需持续注射数次)。

脊髓灰质炎分为急性和慢性,脊柱按摩师针对两者进行治疗,据报慢性病例有71%的治愈率,但是他们隐瞒部分实情:有60%的患者康复后又出现肌肉衰弱、瘫痪的症状。病情严重的患者还是得接受正规的治疗,包含气管切开术、鼻饲管或铁肺。脊柱按摩师无法提供这类设备,他们所能做的就只是调整脊椎。

脊柱按摩师缺乏诊断病因的训练,用于阻止大众接种疫苗的言辞没有什么说服力。比如,在科罗拉多流传的一本小册子中,他们就说道:"你要仔细思量,别让生病动物的细胞毒害人体,造物主让我们拥有自己的生命形式,而不是让我们的血脉和别的动物混杂在一起。"

在脊髓灰质炎疫苗成功施用50年后,你或许会想,这些胡言乱语该消失了吧!很遗憾,没有。

以疫苗预防疾病是没有科学根据的?1994年的一份意见调查显示,在171位脊柱按摩师之中,抱持这种信念的人占了1/3。1998年,就波士顿的脊柱按摩师进行调查的结果表明,只有30%会主动建议接种疫苗,7%建议不要使用疫苗,63%的人则不给任何相关建议。2002年,针对加拿大研习脊柱按摩疗法的学生所做的调查发现,他们修业时间越长,对疫苗接种的接受度就越低,四年级的学生当中就有1/4同意“以疫苗防止传染病没有科学根据”的说法。

脊柱按摩师“以身作则”,不让他们的孩子接种疫苗,在1999年的调查报告中,采用此种手段的脊柱按摩师多达42%。从天花(现在已经完全绝迹)、脊髓灰质炎、白喉、破伤风、腮腺炎、麻疹、风疹到肝炎等,用疫苗对抗疾病的证据已经这么多,为什么还会有受过教育的人固执己见,给他们的患者和家人灌输不合理的危险观念?(在1998年第一起儿童罹患白喉致死的病例中,患儿的家长就是排斥疫苗的脊柱按摩师。)

要解读这种无视原因与结果的观念,最好听一听认同疫苗的圈内人是怎么说的。比斯(Jason Busse)和伊恩热扬(Stephen Injeyan)是加拿大的脊柱按摩师,他们和身为微生物学家的同事坎贝尔(James Campbell)合作,在广受重视的医学期刊《小儿科》(*Pediatrics*)中,逐一列举脊柱按摩团体使用的说辞和策略。这些反对疫苗的说辞和策略很值得一提,因为其中的思想立即令人联想到进化论反对派,两者都有类似的动机:让人对他们要反对的科学理论心生怀疑。

以下6段,就是反对接种疫苗常见的说辞和策略。

1. **怀疑科学**。脊柱按摩师排除疫苗的功效,为疾病消退寻找其他的解释途径。他们会说疾病(例如脊髓灰质炎)有自然的流行周期,也会举出其他因素(如卫生状况),然后扩展为所有疾病得以控制的原因。他们完全漠视大量的临床证据,甚至认定那些数据是经过调整的——这种心态直接导向他们的第二种攻击角度。

2. **质疑科学家的动机和诚信**。除了声称数据资料是伪造的之外,反对者还提出科学家和药厂勾结的阴谋论,指责科学家支持疫苗是为财,而不是为大众健康着想。

3. **夸大科学家之间的分歧,把一些鸡毛蒜皮的言论当作权威引用**。在所有科学领域中,理所当然会有分歧存在,疫苗方面也不例外:接种疫苗的时机和剂量、日后需注意的事项、免疫系统有缺陷的人(例如HIV感染者、进行化疗者和老年人等)接种疫苗的危险性和益处,这些都是典型的议题。但是技术性的分歧到了脊柱按摩师手上,就发展成对疫苗本质的反对。另外一种策略是引用一切激进的言论,无论这些言论有多么不切实际,只要它们是出自持有行医执照的人士之口就行。

4. **夸大潜在的危险性**。疫苗跟其他药物一样,不同的疫苗、不同的施用人群所面临的风险不同。所以一切有害的事件都会被记录下来并予以发表,和风险有关的信息也都是公开透明的,这为的是把风险控制在合理范围内。反对接种疫苗的人往往夸大疫苗的风险,至于不接种疫苗而感染疾病的严重后果,他们完全不放在眼里。

5. **诉诸个人自由**。强制学龄儿童接种疫苗这项法规遭到批判,反对人士认为它侵害到个人和父母的权利,"摧毁美国人基本自由的阴谋"—— 一家位于丹佛的脊椎矫正诊所如是说。最高法院驳斥这种论调,理由如下:不能因为个人信念而罔顾整个社群的安全。

6. **灌输否定疫苗接种的中心思想**。最后,当无知的迷雾散去,疫苗的效果不言自明,各种反调都很难再唱下去,他们所能做的就是坚守住脊椎疗法的主要阵线:所有疾病都来自脊椎上的病灶。依照坎贝尔、比斯和伊恩热扬的看法,这种概念是"把没有公开证实的学说当成信仰"。菲利普斯(R. B. Phillips)在《脊柱按摩人文科学杂志》(*Journal of Chiropractic Humanities*)中写道:"这些建筑在抽象信念之上的方法不需依赖概率的归纳推理*,因为绝对的真相已经明了,只要通过个别的观察来做个人的确定即可。”

其中明显的矛盾之处,就是脊柱按摩师否定疫苗接种,却从来没有进行过双盲(double-blind)对照试验。医学博士安德森(Robert Anderson)是脊柱按摩医生,他注意到,脊柱按摩师“评价一切与医学有关的事物,都倾向于采用敌对和负面的说法”,他们的信念“没有经过临床试验或实验室中的检验,只能成为纯粹的信念,而非科学的真理。对保守的脊柱按摩师来说,‘否决疫苗’是一种可以理解的文化象征”。

安德森追溯出否决的源头—— 一种文化上的信念,而不是经得起验证的科学论述。

如同比斯、伊恩热扬及安德森所言,并非所有的脊柱按摩师都抱持这种信念。不过从这些小地方就可以看得出来,文化上的意识形态凌驾于科学真理之上的现象。

接下来,让我们看一看进化论的状况。

对进化论的反对

20世纪30年代,李森科否定遗传学;50年代,脊柱按摩师拒绝接受免疫学和病毒学。相较于此二者,否定进化论是更早以前的事。否定进化论,等于否定两个世纪以来的生物学和地质学,这实在值得好好解释一番。

当然,对进化科学加以否定的历史很悠久,我在这里要做的,不是把这段历史复述一遍(读者如果有兴趣,可以在本书参考文献中找到一些相关书籍),而是将这些议题的本质做一番摘要,浓缩在短短几页纸

---

* 意指科学。——译者

内。我的目标是让你得到一些确凿的材料,好让你在晚餐桌上、办公室里,或者更重要的:在你自己或你孩子的学校中,能够讨论相关的话题。

根据我的基本前提,对进化论的否定跟其他的否决例证一样,并不是针对科学技术层面的质疑！它和意识形态有关,在这个案例中是宗教方面的意识形态。进化论反对人士质疑进化论的证据,推销针对进化论的“科学挑战”,都只是烟幕弹——恰似脊柱按摩师向疫苗接种丢出的烟幕弹,我们必须穿透这片烟雾,理解其背后的动机。我会直接引用许多进化论反对人士的言论来说明他们的策略,这一方面是为了确保例证的正确性,另一方面是为了保留某些激进评论的原汁原味。我将这些言论和策略整理过后,归纳到先前用在脊柱按摩师的6种类别里。

1. 怀疑科学

我们常会遇到概括性的说辞,如“没有进化存在的科学证据”[贝瑟尔(T. Bethell),《今日基督教》(*Christionity Today*),2001年9月3日出版],“没有真正的科学证据可以证明进化是否发生过……很多人说进化不是科学事实,诚然,它连科学的边都沾不上”[莫里斯(H. Morris),“反对进化论的科学证据”,《影响》(*Impact*),330期,2000年12月出版],或“进化不过是神话,毫无科学证据”[费尔南德斯(P. Fernandes),《圣经》维护研究所博士论文,1997年出版]。

这些结论驳斥进化科学的要素,通常都表现得很有逻辑。有两项主张最常被拿出来当作迎战的武器:化石记录中根本没有“过渡形态”,随机突变起不了什么重要作用。反对人士误解进化过程的元素,所以这两项主张也都建构在误解的基础上。

事实上,古生物学已经辨识出不同种群间的过渡特征,广泛的化石证据包括马类的进化、著名的**始祖鸟**——半鸟半爬行类的特征、有羽毛的恐龙和最早的四足脊椎动物,这些都是最佳范例。分属不同历史阶段的生物化石纷纷出土,现身的种类越多,古生物学家越能找到进化的关键性过渡特征。比希(Michael Behe)博士是“智能设计”观点的拥护者,1994年他质疑:在第一块鲸化石和它的陆生钝肉齿兽祖先化石之间,根本没有连结二者的过渡性化石,钝肉齿兽怎会是鲸的祖先?就在他发表议论后一年之内,三组过渡性物种的化石现身了。所以“没有过渡性化石”仅止于空泛的主张,以上就是一个深刻的例子。越来越多的证据足以驱散这种老套的论调,但它还是一再被提起,说得像真的一样。

以下是一些反进化言论,它们针对突变和遗传学发出狂啸:

◆ 进化学家需要一套机制来解释进化如何发生,许多进化学家相信这个机制就是突变。[莫里斯,《科学与圣经》(*Science and the Bible*)]

◆ 但是……突变只不过是把现存的遗传密码打乱,并不会加入新的遗传信息。(同上)

◆ 但是,进化发生时,要有一个机制来制造新的基因,所以用突变来解释就说不通了。进化学家声称他们相信可以用现在解读过去,不过,没有机制可以制造新的基因信息。在这个机制被找到之前,进化论只能算是一种“盲目的理论”。(费尔南德斯,《圣经》维护研究所博士论文)

很明显,费尔南德斯的遗传学观点来自莫里斯的《科学与圣经》,其实只要他肯打开任何一本遗传学课本,就可以得知基因重复、重组、插入突变、转座和易位——这些都是制造新基因的方法——等知识,更别说在本书中提到的、创造新功能的突变作用。

在反进化的言论中,“所有的突变都是有害的”这一误解,每每被拿出来重述,说得栩栩如生。其实,生物学家在遗传学早期就知道个中奥秘。

在技术性的议题之外，反进化论阵营还爱用一项策略，就是模糊生物学上“假说”“事实”“理论”之间的差异。在每次的演说中，“假说”和“理论”都跟推论画上等号，而“事实”被说得像是某种定理一般。科学上的“理论”有更深的涵义，美国科学院对理论的定义如下：“对自然界某种领域具实证的解释，由事实、法则、推论，以及经过验证的假说构成的综合体。”进化“理论”，可不像对手们所说的那样，是在用模棱两可的话语来吸引支持和信心——只要看看正式定义就很清楚了。

1996年《罗马观察家报》(*L'Osservatore Romano*)刊载的论述显示，教皇保罗二世(Pope John Paul Ⅱ)掌握了进化论方面的特征：

新的知识已经导出“进化论不只是假说”的公论。很明显的事实是，接纳这个理论的研究人员日益增多，随之而来的是各个知识领域的一系列发现。这些知识都是独立推导出来的，它们的汇聚绝非造假，它们的出现本身，就是一项有意义的、支持进化论的论证。

从遣词用句可以看得出，教皇对于证据的分量，还有在科学过程中如何建构起公认的理论，都了解得很清楚。

2. 质疑科学家的动机和诚信

很多反对人士认为进化科学源自无神论思想。近年我看到最充满敌意的一段话，2001年9月出自神创论研究所的卡明斯(Ken Cumming)博士之口，他针对美国公共广播公司(PBS)的电视节目《进化》(*Evolution*)做出以下评论：

就在攻击纽约的恐怖行动13天之后，在数百万美国人面前，[PBS]展示了另一项严重的大事件——一部分为7集、长达8小时的特别节目，名称就叫做《进化》……这是最胆大妄为的袭击之一，受害的不仅是数百万天真的学生，还有我们立国之本的基础世界观。上述两种袭击都有着相同的根源和目标,社会大众并没有察觉到,这些事件背后长达多年的精心策划……[此次]攻击美国人的是好战的宗教哲学思潮,却经非宗教的达尔文主义精心包装,通过校园进入我们的国家。以上两个事件,都意图改变我们国家的生活方式和思想。

我会在第六条中,借牛津主教的一点协助,对这段谈话做出回应。

3. 夸大科学家之间的分歧,把一些鸡毛蒜皮的言论当作权威引用

从达尔文以来,生物学家一直试图了解生物进化的机制,进而说明生命的历史。从各种不同的进化机制,到物种之间的亲缘关系,这项工作的每一个层面都是容许验证的假说。但其中发生的,都是以健康的科学方式所进行的技术性争论,绝对不表示否认进化——现存的生命形式皆源远流长,远古祖先历经长时间的修改变更,经由自然选择的拣选,才演变出今日形形色色的生物。

有些人本身持有科学学位,却对科学界广泛接受的进化因素提出质疑,甚至全盘否定整个理论。得到博士学位,然后否定进化论,相对要容易些;做出新的、经得起考验的发现,又是另外一回事了。反对人士擅长玩文字游戏,而不是在实验室里做研究。

4. 夸大潜在的危险性

反对人士从进化原理中找出重大的危险性,并且把现代社会的困境归咎于"达尔文主义"的影响。"《创世记》(*Genesis*)的答案"是一个神创论主义团体,身为会长兼创办人的哈姆(Ken Ham),将进化论课程与校园暴力挂钩:

进化论教导者宣称我们只不过是生存斗争中的动物,这让我们的年轻人认为生命没有目标……有些被进化论洗脑的学生相信生命充满死亡、暴力和流血事件,毕竟,他们就是这样进化过来的。

达尔文还被指责为苏维埃式的共产主义。教皇在1996年以进化论为主题的发言,引发专栏作家托马斯(Cal Thomas)的反击,他断言教皇"接受了代表共产主义核心的哲学。他为什么要接受自己毕生反对的世界观呢?"这可有趣了,因为李森科也反对达尔文的进化论呢!

将达尔文对生存斗争的看法联系上种族大屠杀,这是另外一个经常提到的招数。伯格曼(Jerry Bergman)写道:"引发纳粹大屠杀和第二次世界大战的因素很多,其中最重要的一项因素就是达尔文的主张:在生存斗争中,进化过程主要在剔除弱者。"他继而做出以下结论:"如果达尔文主义是真的,希特勒就应该是我们的救世主,我们却把他钉上了十字架……如果达尔文主义是假的,那么希特勒罪该万死,达尔文则是史上最具毁灭性的哲学思想之父。"

将进化科学无限上纲到政治宗教层面,伯格曼和其他人试图以此败坏科学的名声。身兼遗传学家和作家的琼斯(Steve Jones)认为,强行将达尔文理论套入政治,带来的是"粗糙的达尔文主义",他还为此做出独特的批注:"进化论是一张政治沙发,谁的屁股坐在上面,它就变成什么形状。"

5.诉诸个人自由

在许多反对者眼中看来,在学校教授进化论,是罔顾宗教自由的行为,他们呼吁:内容涉及进化论的课本都应当附加否定声明。除此之外,他们还希望能教授"其他的"生命史观——多半是和神创论有关的观点,提案人士认为这是以"公平""平衡"为出发点的措施。不过在联邦法庭上,这些手段都以违宪为由遭到驳回。

且看发生在佐治亚州亚特兰大的一桩案例,事件核心为科布县学区生物课本上的贴纸(图9.3),一名联邦法官裁定它违宪。美国宪法第一修正案明文规定:"国会不得制定关于拥护宗教或禁止宗教自由之法律。"此一修正案是适用于全国各州的禁令,因此课本上的贴纸违反禁令中的"拥护宗教"条款。这位法官的裁决基础,来自最高法院和联邦法庭的众多判例,在这些判例中,许多反进化论的宣言、政策、否认言论及法规,都被一一驳回。

本教科书包含进化论内容。进化论是关于生物起源的理论,而非事实。应以开阔的心胸面对进化论,谨慎研读,并且进行批判性的思考。

科布县教育局批准
2002年3月28日,星期四

图9.3　佐治亚州科布县教科书上反进化论的声明。2005年1月13日,联邦法官库珀(Clarence Cooper)下令撕掉这张贴纸。

这位法官认定,问题特别在于"进化论是关于生物起源的理论,而非事实"这句话,它与"不得制定拥护宗教之法律"条文相抵触。法官更进一步写道:这张贴纸"误导学生,会让他们误解进化论在科学领域中的意义和价值,从而对宗教观点有利",还有"贴纸只说要以开阔的心胸面对进化论,谨慎研读,并且进行批判性的思考,却没有做任何解释。天底下的理论多的是,为什么单单要把进化论挑出来,投以异样的眼光"。

虽然数量不断增加的判例就摆在眼前,许多州的学区还是在想方设法,弄出"平衡观点"及其他政策,只是它们保证也会有违背宪法的问题。

6. 灌输否定进化论的中心思想

就像苏联对抗遗传学、保守的脊柱按摩师团体对抗疫苗接种一样——无视科学证据而反对到底。这就是宗教界与进化科学战斗的最终手段，如同"《创世记》的答案"所言："事实就是，《圣经》的权威犹如来自神的启示，传达的福音必然诚笃正直。"

克劳德(David Cloud)任职于浸礼会"生命之道"信息中心，他提出三个反对进化论的理由。

1. "我们必须反对进化论，首先是因为它否定《圣经》。"特别是否定《创世记》的内容。克劳德还说："如果《圣经》说的不算数，那就没办法了解它的含意。"

2. "我们必须反对进化论，因为它否定神。"克劳德认为，"《圣经》中的神创造一切"，而"进化论里的神不是《圣经》中的神"。

3. "我们必须反对进化论，因为它否定救赎。"克劳德写道，"如果《创世记》第一章至第三章不是史实，那么《圣经》的其他部分、耶稣的教诲、救赎全都是神话故事——它们完全以'历史记录乃真有其事'为前提。"

我相信，这就足以代表大多数反对派人士的顾虑和信念，类似的言论层出不穷。哈姆相信，"除非我们的国家让神成为绝对权威，并且像接受事实一般接纳《圣经》"，否则刁难会持续下去。

无论是倡议还是采取行动，反对人士大都认定基督教和进化论不共戴天，媒体也不断宣传这个观点。其实，它与事实并不相符。科学家、神学家、神职人员，甚至整个基督教世界，未必都认为基督教和进化论是完全无法兼容的。

现在来看一则出自英国BBC电台的公开陈述，“每日一思”栏目最近访问牛津主教哈里斯(Richard Harries)，在言谈中，他就进化论所受到的敌视表达悲伤和关切：

真的有人认为整个科学界正在从事一桩阴谋，企图蒙蔽世人的眼睛吗？……进化论绝对没有摧毁我们的信仰，而是加深它。前坎特伯雷大主教坦普尔(Frederick Temple)很快就看到这点，他说神不只是创造这个世界，还做了更美好的事情：让这个世界创造自己……把《创世记》看成科学真理的竞争对手，这件事让我感到很难过，因为这种做法导致大家不肯好好阅读《圣经》。《圣经》是各种文学、诗歌、历史、道德、法律、神话、神学和箴言等的合集……《圣经》带给我们宝贵的真相，让我们知道自己的定位和发展方向，但是拘泥于表面文字，人们就无法看到这些真相，无法与之共鸣……过度拘泥于文字，最终受害的不只是《圣经》，基督教的名声也会随之败坏。

这位主教并不孤单，长老会总会在2002年重申：“在关于人类起源的进化理论和造物主的教义之间，并无矛盾之处。”联合牧师庇护会在1992年也曾说过：“《圣经》是一部问世早于科学年代的著作，如果以为其中包含了关于万物起源的科学数据，这种假定实在大大误解了《圣经》。”

然而，基督教原教旨主义阵营的立场依旧是坚决否定进化论，也坚持在所有事情上都从字面意义解读《圣经》，包括科学在内。他们不只跟长达200年的现代科学过不去，还跟天主教、犹太教，以及各种不同的新教信仰过不去。再者，他们忽略了一个事实：许多科学家也是虔诚的教徒。

反对人士用来陷害进化论的主要手段，我在前面已经提过了，就是通过文字游戏和宣传机构来散布一个概念：进化论是在和**所有**教派作对。第二个手段就是企图影响政治程序，从地方、州到联邦，不过对我援引过的那些反对派团体来说，一碰上美国宪法确立的一些条款，这项策略似乎陷入苦战。在这方面碰了壁之后，他们发展出一条新的计谋——用科学的信用包装宗教信仰。

新瓶装旧酒：智能设计的迷思

对付达尔文进化论的“最新”手段，就是弄出“智能设计”这个名堂。他们主张，有些生物的结构太过复杂，不可能经由自然选择循序渐进进化出来，据此推测，这些结构一定是由某个聪慧的设计师所“设计”的。那么那位设计师会是谁呢？嗯，提倡这种学说的人竭力不说出他或她的名字，不过“上帝”是个可能性颇高的答案。

智能设计的概念可以追溯到佩利，200年前他就在《自然神学》中明言这个想法。简单来说，就如我们看到某个错综复杂的人造物品，会推想它必定是出自某个设计师之手；复杂的生命体是自然的发明物，背后的产生原理应当也相同。

比希博士是这项概念最有名的拥护者之一，有趣的是，他竟然能够接受地球历史、物种同源，还有某些性状是来自自然选择等理论。问题在于他主要的论点：有些生物的结构和系统实在是“不可简化的复杂”，只要移除其中的任何一部分，生命功能就无法继续运作下去。在比希眼中，这些结构和系统不可能来自自然选择。

既然承认了生物学的众多事实，又该怎么解释智能设计的运作方式呢？这让比希的立场陷入尴尬。本书中提到的突变、选择和时间三者在DNA进化上的交互作用，对比希的理论来说是致命一击。在《达尔文的黑匣子》(*Darwin's Black Box*)这本著作中，比希提出以下假定：“或许在40亿年前，造物主创造的第一个细胞已经包含了一切生物化学系统,复杂到不可简化的程度。(我们可以假设,这套系统应该包括对未来的用途的设计,如凝血能力等,只不过尚未'开启'而已。现代生物身上也有很多基因的功能暂时被关闭,留待日后使用。)"

从遗传学的基本概念来说,这根本就是胡说八道。布朗大学的米勒(Ken Miller)博士认为"'预先设计'的基因恒久守候,等待生物需要的时候才出现,这完全是不切实际的幻想"。在第五章,我们看到DNA的运作原则是用进废退,突变不断冲击,派不上用场的基因序列终将腐朽,这在冰鱼、酵母、人类,以及各个物种身上都发生过。并没有一套机制可以将基因预先保存起来,以备不时之需。相反地,就像我们在第四章看到的基因重复,一种在现存物种身上都观察得到的过程,它可以在进化中扩展基因的信息量与复杂度。基因重复事件遍及进化史,在DNA记录中处处留下轨迹。

举例来说,β-珠蛋白基因编码的蛋白质构成血红蛋白分子的两条肽链中的一条,人类有5个β-珠蛋白基因,它们就在11号染色体上比邻而居。不同的基因在不同的时期发挥作用:ε基因在胚胎时期,两组γ基因在胎儿时期,δ基因在成年初期,β-珠蛋白基因则是在成年时期发挥最大效用。鸡只有4个β-珠蛋白基因,大部分鱼类的β-珠蛋白基因数量更少,且排列方式不同于鸟类与人类——冰鱼是个例外,它没有任何一组具备功能的β-珠蛋白基因。

该如何解释β-珠蛋白基因这样的分布模式呢?在智能设计者预先塑造基因的情况下,远在人类或是哺乳类进化出来之前,所有会派上用场的基因老早就设计妥当了。若果真如此,为什么有些脊椎动物的β-珠蛋白基因会比较少,晚近才进化出来的冰鱼甚至完全没有这组基因?那些塑造好的基因不是应该守在所有物种身上,等候传唤吗?舍弃了所有的珠蛋白基因、只剩部分α-珠蛋白基因残骸的冰鱼,又是如何生存下来的呢？设计出来的基因既不完整又不实用，这算是哪一门子的设计师？

以进化论的角度解释珠蛋白基因，道理就很简单了。在脊椎动物的有鱼类特征的祖先身上，珠蛋白基因数量较少，接着这些基因被重复，然后随着突变分化，就成为现今生物身上大量不同的基因系列。这个模式遍及整个进化过程，呈现于数以百计的基因家族。

倡导智能设计的人士埋怨科学阵营抱持成见，总是没有给予他们尊重。事实绝非如此。我们喜欢新的假说，但我们更喜欢有事实佐证的稳定假说，智能设计概念无法解答任何科学问题，也缺乏严密的知识检验，所以它跟所谓的**理论**一点也搭不上边。如果不是因为它倚仗神学为后盾，加上其拥护者的伎俩，我们可能从来不曾听说过这种东西，它也只能加入大量废弃不用的观点之列。

智能设计充其量不过是神话，世界上存在着很多关于创世和自然界奇迹的神话，我特别着迷于澳大利亚原住民的，他们关于梦幻时代的神话，以及以传统石雕艺术呈现的人物，都是他们文化的美好组成因子。但是梦幻时代并非科学，我们不会在自然科学课堂上教这些东西，其他关于物种起源和自然现象的神话亦然，它们不会取代科学。

我们很幸运，美国联邦法院和我们所见略同。以下所举便是截至目前，针对智能设计最重要的一桩法律诉讼，裁定日期是2005年12月20日，地点为美国州地方法院宾夕法尼亚州中区分院，法官约翰·琼斯三世(John E. Jones Ⅲ)判决多佛教育委员会触犯宪法，因为他们用智能设计的概念取代进化论。在一次实地勘验中，法官找到压倒性的证据，证明智能设计“是一种宗教观点，只是把神创论拿来重新包装，并不是科学理论”，而且“完全不能登上科学殿堂”。琼斯法官还强调：“许多[智能设计的]拥护者做出彻底错误的假设……认为进化论与宗教普遍对立,也与世人对造物主的信仰对立。”

2004年底,在威斯康星州(我家就在这一州)的格兰茨堡,教育委员会受智能设计运动成员的鼓动,考虑讲授“替代的”生物起源理论。一封有数百位科学家联合署名的信函立刻寄达,要求格兰茨堡的教育委员会放弃这个课程。接着委员会又收到来自宗教学教授的类似信件,但是最具说服力、同时也象征希望之曙光的一封信,来自188名浸礼会、天主教、路德教会、卫理公会、英国国教会及州内其他的教堂的牧师(在整个美国,后来还有上万名神职人员加入这个行列)。在此我要引用其中部分内容:“我们相信进化论的理论是很基本的科学真理,它经历各种严密的验证,由众多人类知识成就汇聚而成。若否认这个事实,或者将它视为‘众多理论中的一个’,就是刻意漠视科学,并且将这种无知的态度传达给我们的孩子。”

阿门。

进化论为什么重要?

对进化论的理解与接受,意味着追随科学的进步,而这已经为农业、医学和科技带来无穷的益处。正如DNA科学渗透入我们的日常生活,如司法鉴定、亲权认定,还有对疾病的诊断、预防和治疗,在对生命的真实历史和对人类的了解之中同样应该体现出DNA科学的价值。也正如古生物学的基石是大量的地质学知识,进化的DNA记录的基石是大量的细胞和分子生物学、遗传学、胚胎学和生理学知识。

天文学、微生物学和遗传学都曾遭受某些团体的抵制,直到有压倒性的实质证据出现。DNA进化记录确实相当具说服力,而且不容置疑。在这些证据面前,没有进化论反对者置喙的余地——就像那些不可理喻的法国医生、苏联独裁者,或脊柱按摩师——他们只能闭嘴,或是装作没有这回事,以巩固他们的信仰。

如果科学进步被抛弃,整个历史就会是一场错误,这对人类来说是彻底的灾难。接下来是最后一章了,我将会把注意力放在进化的重要性,还有我们要如何通过科学的进步,负起地球管理员的责任。

第十章

怀俄明州的棕榈树

回顾时看得越透彻,前望时就越是高瞻远瞩。

——丘吉尔(Winston Churchill)

▲
始新世(大约5000万年前)的棕榈树和鱼类化石,出土自怀俄明州西南方的化石山。[感谢怀俄明州凯默勒的乌尔里克化石艺廊,乌尔里克(Shirley Ulrich)提供照片]

"19世纪最伟大的奇观!"1876年,《太平洋旅行者报》(*The Pacific Tourist*)如此吹嘘。

南北战争结束后不久,横跨美国大陆的铁路便开始兴建了。两家竞争的铁路公司各从一端开始(中央太平洋铁路公司从西边,联合太平洋铁路公司从东边),拼了命全速向前推进。1869年5月10日,两条铁路线终于在犹他州的普罗蒙特里接轨,花费逾1.2亿美金。

说到这项伟大成就的幕后英雄,就是赤手空拳打造铁路的工人们。光联合太平洋铁路公司一家就耗费30万吨铁轨,还有2300万枚铆钉。在炎热的夏日,12小时轮班作业需要巨大的人力,除此之外,工程中还有相当大的危险:黑火药和硝化甘油的爆破技术尚未成熟,开山会遇上落石,再加上来自原住民的持续袭击——这些人深知铁路建设会破坏他们的生活方式。以上种种,都让工人们深深苦恼。

不过这番努力也带来崇高的成就感。开拓铁路的过程正是一趟征服西部的冒险之旅,在冒险的同时,又与辽阔、未知、渺无人烟的风景邂逅,从奥马哈一路西行,经过黑山、怀俄明盆地、沃萨奇岭,众多壮丽的地貌奇景就在人们眼前铺展开来。

希里亚德(A. W. Hilliard)和里克希克(L. E. Rickseeker)是联合太平洋铁路公司的员工,1868年,两人在怀俄明州格林河以西3千米处(当时属于达科他地区)进行勘查,他们在没有植被的岩石地貌上炸开一道裂口,纷飞的页岩碎块后面,一大片保存完好的鱼类和植物化石呈现在眼前。他们不知道,这可是世界上最大、最完整的化石层之一。

这个19世纪的壮观奇景源自始新世——大约埋藏了5000万年。

工人们把鱼类化石交给海登(Ferdinand V. Hayden),那时他正在当地为美国内政部进行国土勘测。海登是外科医生出身,曾说"我对博物学的热爱如此深切,无暇去想其他事情"。他在印第安人的苏族人里很

图10.1 联合太平洋铁路上的“鱼类化石切片”。岩层中有丰富的始新世化石。[罗素(Andrew Joseph Russell)摄(1869),怀俄明州甜水县博物馆提供照片。]

出名,他们称呼他为“捡了石头就跑的人”,认为他是个怪物,不过没什么害处就是了。他追踪铁路工人所发现的化石层,出版了第一本描述格林河丰富化石岩层的作品,不过这并不是他唯一的贡献。1869年,海登挖掘出第一具美国的恐龙化石,他在该区域的研究促使黄石国家公园于1872年成立。

“鱼类化石切片”出土之处,是一大块古代湖床形成的沉积岩,在这其中发现了好几种类似鲱鱼的鱼类,有时每平方米中可多达数百条(图10.2)。除此之外,还有蔚为奇观的黄貂鱼、鲭鱼、长嘴硬鳞鱼,伴随着鳄、龟、鸟、蝙蝠和小马的化石。

在这个大阵仗里,还包含了壮丽的棕榈树——高约3米,标本的每个细节都被完好地保存下来。

海登得出了正确的结论:这块乱石嶙峋、处于半干燥状态的不毛之

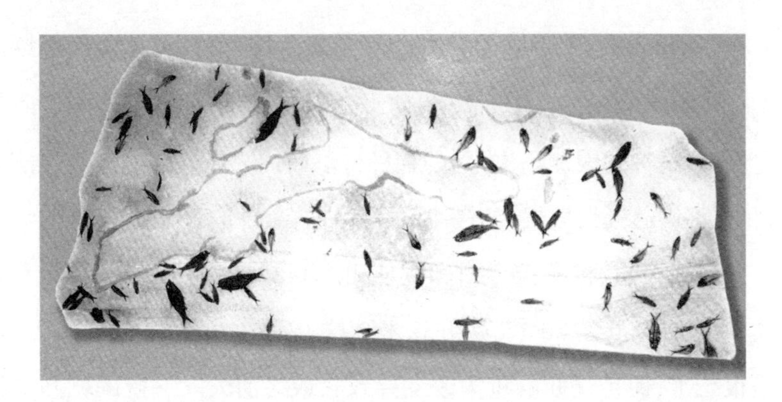

图 10.2　鱼类浩劫。大量鱼类化石保存在化石山地区单一地层的岩板中。(洁米·卡罗尔摄,岩板由怀俄明州凯默勒的乌尔里克化石艺廊提供。)

地,曾经是丰饶的热带森林,气候和植被就跟现在的美国东南部一样。这块遍布化石的页岩大约有四五千万年的历史,现在静静躺在怀俄明州西南部的谷地里,在厚达60—90米的格林河地层中,含有多个层位(horizon),里头的化石资源异常丰富。如果你曾看过浅色岩石上嵌着完整的鱼类,那大概就是从格林河地层采集到的。这片广大的化石湖地层中,有一部分在1972年设为化石山国家遗址。

图 10.3　化石山地貌。曾经丰饶的热带森林,现在是一片饱受风力侵蚀的半干燥地貌。[照片提供:美国国家公园服务处,奥瑟(Arvid Aase)。]

化石山的魅力来自其间化石的美丽和质量，以及当地古今环境的反差。棕榈树和鳄的化石提醒我们，任何地理环境都有可能随着时间产生巨变，物种会因此消失，别的物种将取而代之。这样的故事提醒我们，只要不遭遇极大危机，“适者”就是一种有条件的存在状态。

在怀俄明州、科罗拉多州和犹他州之间，曾经有3座大湖，化石湖是其中最小的，长约80米，宽约32米。这个湖泊大约存在了200万年，算是很久了，但是气候的重大改变导致它最终消失。气候的剧烈变化也改变了选择的条件和当地的动植物类型。

本书的重点一直都放在造就适者上，在最后这一章，我却要把焦点转向适者的毁灭——也就是物种的灭绝。生命史的记录刻印在三叶虫、恐龙和鹦鹉螺等众多一度繁盛的生物身上，它们曾经支配这个世界，但是因为某些自然因素，它们完全从这个星球上消失了。在这里我要讨论的倒不是自然因素，而是人类活动如何冲击某些曾经昌盛的物种，其速度之快，远超过自然史上的任何事件。这种来自人类的“非自然”选择模式，导致许多意想不到的结果。我将会特别把重心放在世界渔业，它正受到过度捕捞、环境恶化和气候变化的多重威胁。

大约50年前，进化生物学家朱利安·赫胥黎（Julian Huxley，他的祖父托马斯·赫胥黎是伟大的生物学家、也是达尔文最重要的盟友，他还有个当小说家的弟弟奥尔德斯·赫胥黎）在《新瓶装新酒》（*New Bottles for New Wine*）一书中写道：“就进化这件事而言，人类似乎被指派为这件大事的主事者……无论他知不知道自己在做什么，这个星球未来的进化将何去何从，决定权都在他手上。这是他无可避免的使命，他领悟得越早，整个进化体系受益就越多。”

人类影响进化是事实，对这个事实抱持否定或者漠视的心态，无论是基于政治立场还是私人利益，已经重创好些个具有关键经济效益的物种，而成千上万的人正依靠这些物种过活呢！还有更多物种面临它们无法适应的选择强度，物种的存续亮起红灯。我们将会看到，进化过程不只是美学或哲学的呈现，也是维持我们生命的基础。

反自然的选择

加拿大盘羊大概是怀俄明州高地一带最崇高的象征，游客们总想看这些怕生的哺乳动物一眼，而猎人们却把公羊当作顶级的战利品，打猎许可证在拍卖市场上要价数十万美元。少数选择性狩猎的收入用来执行保护措施，一般人的想法是：就野生动物的管理而言，被猎取的公羊仅为少数，可被全体的利益所平衡。

然而，长期研究指出，这种选择性的猎杀造成出乎意料的惨痛后果。猎人偏好犄角最大的公羊，但是母盘羊刚好也爱这味。盘羊的犄角在2—4岁间生长。随着犄角长度的增加，以及它在公羊群中优势序位的提升，求偶成功率增加。求偶成功率还和年龄有关，大约在公羊6岁之后与日俱增。但是大部分的公羊在8岁前就遭到射杀，有的甚至不到4岁。

大约在30年间，加拿大落基山脉的公盘羊素质明显下滑，因为它们的身躯大小与犄角长度都缩水了，从遗传学的角度来看，这些都是意义重大的特征。猎捕抑制了强健羊只的成长，身躯较小、犄角较短的公羊因此受惠，这些羊的形态进化方向偏离了自然选择的初衷。现在再把进化论的日常数学运算拿出来看看——变异和选择随着时间累积，产生进化——不过在这个案例中，是朝着错误的方向进化。

加拿大盘羊的进化凸显一个事实：针对特定性状的“人择”能够引导进化的走向，就我们的期望或者自然界生物的利益来看，这个走向是

图 10.4　公盘羊。犄角长度和体型大小对盘羊的求偶成功率影响至巨。[格蒂(Don Getty)摄]

反其道而行的。这是我们在管理自然资源(特别是鱼类)时面临的重大问题。如果不将进化论放入生物资源管理中,我所描述的悲剧事件会一再重演,下场则是无法逆转的灾难。

没有鳕鱼的海岬

对早期的航海家来说,如何就近取得便利的食物是一大课题。为了航行到远方,储藏食物的方法是相当重要的。由于风干腌渍鳕鱼技术的进步,远程航海大有可为,所以说到发现格陵兰岛、冰岛和北美洲等地,食品技术也该记一笔大功。1497年,卡波特(John Cabot)出发寻找哥伦布(Christopher Columbus)未发现过的亚洲航线,他在另一个地点登陆。就在那里,他发现风干腌渍的技术,并把这个地点命名为"新发现的陆地"。全欧洲的船舰迅速涌入这处渔场,这里的鳕鱼看起来数量无限。在40年之内,欧洲60%的食用鱼来自北大西洋海岸。

1602年,英国航海家戈斯诺尔德(Bartholomew Gosnold)找到一个盛产鳕鱼的地方,将它取名为帕拉维希诺(Pallavisino)。根据他的报告,这里塞满了鳕鱼(现在我们把这个地方叫鳕鱼角)。鳕鱼渔业成为当时新殖民地居民的主要谋生方式,像马萨诸塞州格洛斯特这类城镇(位于安角),这是当地的支柱产业。格洛斯特在19世纪最多只有15 000名居民,其中就有3800人死于海上。

加拿大北方鳕鱼渔场历经500年的运营之后,因为渔获量大幅缩减而在1992年7月2日关闭。和20世纪60年代比起来,此时鳕鱼数量下降了99.9%,2万名加拿大渔民顿失生计。

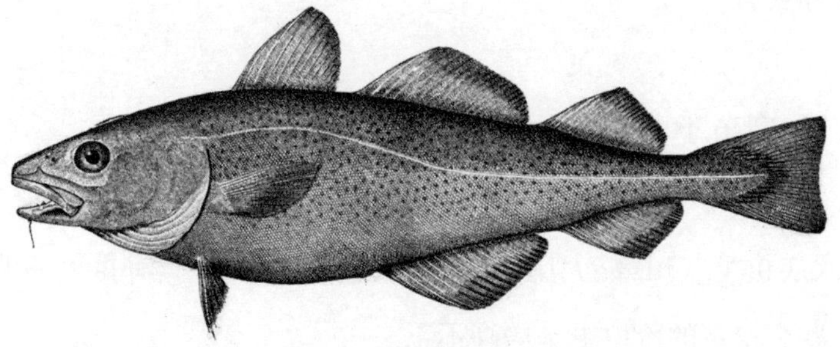

图10.5 大西洋鳕鱼。鳕鱼种群曾经相当繁盛,早期的船长甚至抱怨被鳕鱼堵住去路。但北方鳕鱼的数量早已因过度捕捞而减少。

在格洛斯特,渔民发现相同的命运即将降临到他们头上,和10年、20年前比起来,渔获量几乎只剩零头。联邦政府开始收购渔船,鼓励渔民放弃传统产业,部分渔场也关闭了,好让鳕鱼休养生息。

但是鳕鱼渔业没有因此恢复。

发生了什么事?

简而言之,鳕鱼和渔民都是变异和选择的受害者。渔民选择最大(年岁较大)的鳕鱼,因为基因的关系,体型较大的鱼成熟也较晚,在它们能够繁殖之前可能就被捕捉了。少了这些鱼,其他个头小而成熟早的鳕鱼就能够大量生长。在大规模的捕捞之下,整个鳕鱼种群的体型走下坡路,性成熟时间越来越早,体型也越来越小。

我们或许会想:既然鳕鱼性成熟时间变早,繁殖速度不是也会变快吗?这种情形在鱼缸里或许会发生,在海洋中则不然,因为海中还有其他物种存在。在海洋食物链中,鳕鱼曾是底层的甲壳类动物和中上层鱼类的主要捕食者。一旦鳕鱼减少,中上层鱼类的数量就会大大增加,从曾经身为鳕鱼猎物的物种,一变成为鳕鱼的捕食者。然后,它们会把鳕鱼的鱼卵和幼鱼吃掉,抑止鳕鱼数量回升。记住,"适者"要在繁殖和生存双方面同样得利,较小的鳕鱼在生态系统里表现不佳,地位逆转。过度捕捞和生态系失衡的后果不仅影响到鳕鱼,也影响到许多大型的海洋捕食者。

大型鱼类跑哪里去了?

除了鳕鱼,其他大型鱼类包括金枪鱼、剑鱼、枪鱼、鲨鱼,还有一大群"水底鱼类"(川鲽、大比目鱼和鳐鱼),其中一些具有重大商业价值,而某些金枪鱼的价位更是居高不下。

第二次世界大战之后,渔业变得工业化,大型的"工厂式"渔船很有效地扫荡海洋,找寻大型鱼类的踪迹。迈尔斯(Ransom Myers)和沃姆(Boris Worm)是达尔豪西大学的生物学家,他们研究拖网渔船与延绳钓,根据1952—1999年的大量数据分析,两人获得结论:现今大型鱼类的数量,只剩下渔业工业化前的10%。

在4处大陆架和9处洋流系统中,迈尔斯和沃姆发现相同的趋势:在开发后的15年之内,鱼类数量大约下降了80%(图10.6)。在延绳钓方面,原本每100个鱼钩可以钓到6—12条鱼,在开发10年后,每100个鱼钩只能钓到0.5—2条鱼。"单位渔获量"下降背后的问题更严重:现在即使抓到鱼,体型也小得可怜。迈尔斯注意到"这些位于食物链上端的捕食者,大小只有以往的1/5到1/2,有些枪鱼的体重只有往昔的1/5。在许多案例中,列为捕捞目标的鱼类承受着极大的压力,它们甚至根本没有繁殖的机会"。

一般人会认为大海资源无限,海洋生物永远不可能灭绝;即使迟至1883年,连托马斯·赫胥黎都还相信渔产是取之不尽、用之不竭的。迈尔斯是最多产、最积极、并试图修正大众观念的研究者之一。他分析这种概念背后的理由是:"海洋从表面看起来便充满无穷无尽的生机,辽阔大海中有众多人迹罕至的栖息地,可想而知咸水鱼类蕴藏量丰富。"他认为:"这些想法已经被证实是错误的。"

我们可能对双髻鲨或白鲨不甚在意,但是一份研究(迈尔斯和沃姆也参与其中)报告显示,在过去15年间,这两种鲨鱼的数量下降了75%,所有的鲨类数量则下降50%。它们的数量减少是因为"混获":鱼钩或渔网原本要抓的是其他鱼类,然而上钩落网的是鲨鱼。身为食物链顶端的捕食者,鲨鱼对海洋食物网的结构及生态系统影响极大,鲨鱼数量减少会改变生态系统中的选择条件,造成无法预测的后果。

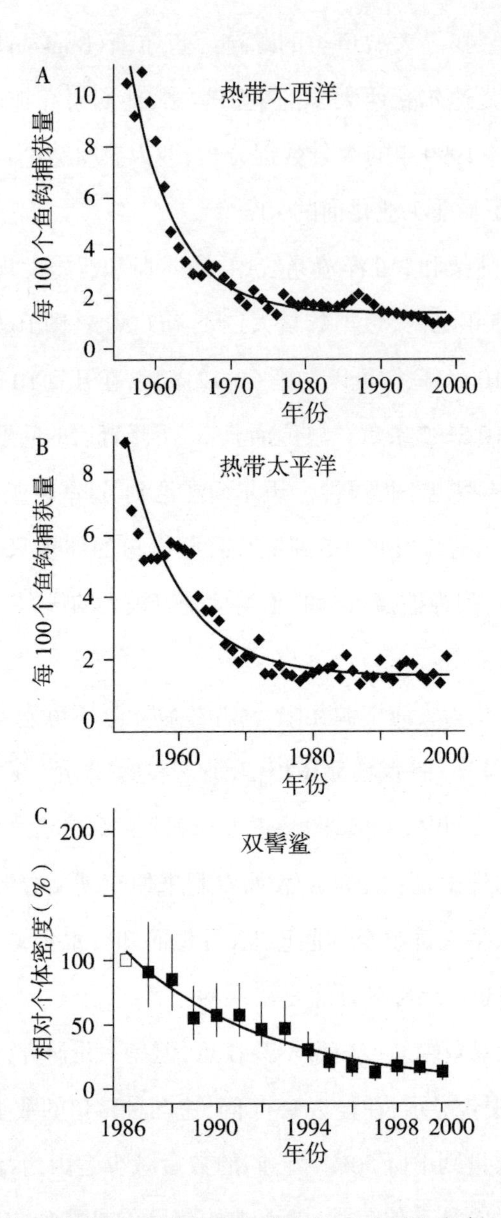

图10.6　大型鱼类数量下降。延绳钓的渔获量显示，大型鱼类在大西洋(A)和太平洋(B)的数量都下降了。双髻鲨是大部分鲨鱼类数量下降趋势的典型代表(C)。[数据来源：R. Myers and B. Worm (2003), *Nature*, 423: 280, 以及 J. K. Baum et al. (2003), *Science*, 299:389。奥尔兹绘。]

拖网渔业为选择带来另外一个层面的影响——鱼的大小。举例来说，过去数十年的商业捕捞中，一般的网眼大小是7—14厘米，也就是说，有些鱼会被抓到，但是有些会从网眼溜走。这左右了北大西洋的鳐鱼尺寸。

在过去数十年间，有两种小型的鳐鱼（一种体表多刺，另一种体表光滑）数量显著增加，而一种长达1米的滑鳐（刚孵出就有20厘米长）却已经濒临灭绝。45年前，滑鳐占拖网中战利品的10%，它们的数量减少一直不为人所知，直到加拿大纽芬兰纪念大学的卡西（Jill Casey）和迈尔斯发现，近20年来，在纽芬兰南方的拖网中，已经找不到这种鱼类的踪迹。最近唯一找到这种鱼的地点，位于1000米深的海底，该地是新的比目鱼渔场。

无论是大型捕食者的数量萎缩，还是其他大型鱼类的选择性流失，都不能当作单一物种的个案看待，要了解海洋生态系统遭受过度捕捞与混获的结局，务必正视大型鱼类处境恶化的严重性。

多米诺骨牌效应

世界上有多种海岸栖息地，包括珊瑚礁、海藻林、海草床，还有河口地区。各个群落中的成员，呈现出独特的结构与多样性，并彼此联系、形成错综复杂的互动网，这其中总会有某些生物居于关键地位。过度捕捞和其他人类活动会破坏这些食物网，带来的往往是灾难性的影响。

举例来说，海藻林给许多鱼类、无脊椎动物，以及海獭之类的哺乳动物提供栖身之处。海胆摄食海藻，而海胆又是海獭或鱼类（如鳕鱼）的食物。如果鳕鱼因过度捕捞而减少，或是海獭被毛皮猎人杀尽，那么海胆就会把海藻吃光，将这块地区“砍伐”一空——这就是移除食物网上层消费者造成的多米诺骨牌效应。如果海胆也被人类捕捉，海藻会长出来,但是群落中其他的昔日成员仍旧不在其位,这片海藻林将会永远贫瘠。

珊瑚礁也是多种鱼类和无脊椎动物的家园,这里的住户会被较大的动物捕食,棘冠海星则以珊瑚为食,它们的数量由某些鱼类控制在一定范围之内。20世纪80年代,大堡礁的海星数量大爆发,导致当地珊瑚种群惨遭屠戮,许多动物无家可归。

海草床覆盖着许多海湾、潟湖,还有海岸地区,它的健康状态取决于栖息该处的动物,这些动物也依靠海草生存。海龟吃海草,让养分留在食物链中,而不是成为海底的沉积物。但是在大部分地区,海龟数量大幅下降,甚至完全消失,造成海草床的荒芜和衰退。

海牛也是维护海草床的重要成员。根据澳大利亚殖民地的报告,在19世纪晚期,昆士兰的莫顿湾有大量的海牛群,在五六千米长的范围内,数目上万。但是现在,大约只剩下500只。海牛的油和肉让它们成为"怀璧其罪"的搜猎目标,"渔场"在短时间内迅速凋零。

大约从1万年前算起,也就是人类文明初露曙光以来,海岸生态系统发生了何其重大的变迁?在加利福尼亚州拉霍亚的斯克里普斯海洋研究所,由杰克森(Jeremy Jackson)领衔,与18名海洋科学家就此议题进行分析。他们发现在世界各地都有类似的变化过程,这样的过程由三个步骤组成:起初,仅对海岸资源做有限度的使用;接着,在欧洲拓展领土和殖民地期间,对海岸地区的开发力度大增;最终,在近代急遽耗尽整个生态系统与栖居其间的物种。他们还注意到,在1950年或1960年(即人类大肆剥削自然之前),不少物种的数量发生变化,但它们其实是以自己的方式在调整种群大小。

杰克森及其同事警告大家"大型海洋脊椎动物的数量原本极其丰富,今天却所剩无几,而现代生态研究很少会思考这种今昔变化",并提醒我们，世界上有许多地方——岛屿、城镇和港湾等——都用已经不见踪影或数量稀少的动物命名。上万只海龟在特定的地点筑巢，这个数字听起来挺庞大的，但是我们要再想一想，在几个世纪前，可是有上千万只海龟呢。

完美的风暴

过度捕捞无疑是自然界生物数量锐减的原因，不过尤有甚者，那就是工业革命以来人口和产业增长，这对几近油尽灯枯的生态系统而言是雪上加霜。由过度捕捞、污染和人为的气候变化所组成的一场完美的风暴正在酝酿，威力足以让破败的生态系统永无翻身之日。只要看看在人口聚集处附近的生物栖息地，就可以找到大量的证据，证明上述三股力量联手造成的影响。

比如，美国最大的河口海湾地区——切萨皮克湾，长达320千米，大约有150条河流注入其中。17世纪早期，约翰·史密斯(John Smith)船长在这个区域探索时，他看到清澈的河水、布满蟹的海草原、巨大到难以一探究竟的牡蛎礁，还有躲在礁石间的各种鱼类。

在所有海洋栖息地中，温暖的河口地区遭遇到的破坏最大。切萨皮克湾有广大的牡蛎礁，每3天会把周围水域的水过滤一次。然而，以拖捞网进行的工业化捕捞一开始，牡蛎种群便消失了，而且就像我们先前看到过的：移除控制生态群落结构的物种，会带来深远的影响。

在牡蛎捕捞业崩毁之后，海湾日渐衰弱的症状一一显现。含氧量下降，疾病暴发，后者明显是来自第二种新的选择力量——人为污染。工业与农业带来了沉积物增加、富营养化和微生物滋生等问题，生态系统既已毁坏，便无力化解这些危机。尽管政府和私人机构付出长达20年的心血，根据2004年的调查，在整片海湾主流之内，令生物窒息的无氧水域仍然占了35%。

由牡蛎礁支配的河口地区受损、消退,继而衰败,同样的模式也发生在世界各地。很不幸,进化作用让这些事件重演。

除了过度捕捞和污染,第三种影响生物种群的选择新要素出现了——气候变化。气候变化的冲击很难量化,因为许多生态系统已经饱受蹂躏,难以分辨是何种力量搞的鬼。不过,局部气候变化对于生态群落影响长远,这一点倒是可以确定的。压力过大、捕捞过度,祸不单行的群落又多了一个难题要应付。

修复过度捕捞和污染带来的伤害,在任何地区都是艰巨的挑战。要进一步对抗全球环境变化,则更让人却步。环绕着捕捞过度的大西洋和太平洋,居住人口实在太多了,我们或许会认为,南极海域浩瀚无边、南极洲无人居住,那儿该会是海洋生物多样性的堡垒。可悲的是,实际状况完全不是这么一回事,鳕鱼、剑鱼、枪鱼、海牛、牡蛎、海龟、海獭,还有更多来自北方水域的动物不断绝迹,这事件也即将在南极海域重演一次。

回到布韦岛

吕斯塔和鲁德之所以会来到南极海域,主要原因是北方海域捕鲸量下降,使得挪威捕鲸船必须前往别的地方探索。20世纪早期,挪威就开始在南极水域捕鲸,1904—1906年,他们抓到236条鲸,1912年的捕获量是10 760条,1940年则攀升到40 000条。

捕鲸人追逐各种鲸,某一种鲸数量下降就改捕另外一种。举例来说,1930—1931年,他们捕捉了29 000条蓝鲸,接着把目标换成鳁鲸、座头鲸和小鳁鲸等。在各国协议停止在南极捕捉鲸之前,蓝鲸由原本的200 000条锐减至6000条,座头鲸的数量亦大幅下降,鳁鲸和长须鲸都只剩下原先的20%。

吕斯塔研究的对象原本是磷虾,这种小小的甲壳动物是南极食物网的中心。捕鲸业衰退后,从1972—1973年开始,大量捕捞的目标转为磷虾,它们被制成人类的食物,牲口及鱼类的饲料。这大概是地球上数量最多的动物,数量庞大的磷虾群分布在约500平方千米的海域,包含200万吨磷虾,每1立方米的空间里,可以塞进100万只磷虾。磷虾捕获量在1982年达到高峰,重量超过50万吨,但现在每年平均捕获量只有10万吨。根据估计,磷虾的总量多达上亿吨,所以捕捞对它们不会造成什么威胁,但是长期研究指出,在过去75年中,磷虾的密度下降了80%。如果这和捕捞没有关系,那么到底出了什么问题?

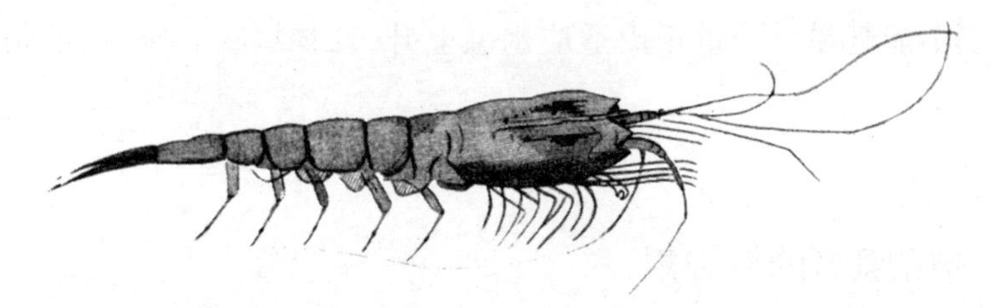

图10.7 磷虾。磷虾或许是地球上数量最多的动物,在南极食物网中的地位极其重要。过去75年,它们的密度下降了80%。

过去50年间,南极半岛的气温上升了2—3℃,是全球温度平均上升量的5倍多。海冰的面积随之消退,而磷虾赖以为生的海藻就长在这些海冰上。于是全球变暖的多米诺骨牌效应呈现了:海冰融化、藻类变少,磷虾数量也随之下降。

我们都知道,伴随着全球变暖,空气和海水温度会不断上升,海冰也会持续减退。有些科学家预测,在未来100年内,温度还会再上升2—3℃。在南极,这个状况绝对会导致供养海藻的海冰缩减,也会对依赖磷虾为生的物种造成压力,同样陷入困境的还有已经适应冰水的物种。

那么,那些精巧的冰鱼命运又当如何呢?潜藏的气温变化的确够让它们伤脑筋,不过早在这之前,它们已经历经劫难:当捕鲸业没落,渔业界的注意力就转到其他南极鱼类,其中也包括冰鱼。捕捉裘氏鳄头冰鱼(彩图B)始于1971年,1978年捕获量达到顶峰(235 000吨),接下来,我在这一章不断提及的悲剧再度上演了——渔业崩毁,渔获量在1991年降到13 000吨,1992年更是只剩66吨,再也无法恢复。

我们可能曾经有机会让蓝鲸免于灭绝(在闲混和政治辩论上耗费了数十年),但我们很明显没有学到巨大的教训。

无论冰鱼的命运会是如何,它们一定得对抗过度捕捞、生态系统被破坏和气候变化的洪流。它们的生理结构已经调整为专属冰冷的海水,能不能赶在一个世纪内适应水温上升、食物短缺等压力,还是未知数。

嘈杂刺耳的警钟声

缺少先见之明,当行动有效而简单时却吝于行动,缺乏清晰的思路,在危机来到、自我防护的警钟敲响之前对忠告茫然无知——这些就是让历史不断重演的人性特征。

——丘吉尔,1935年5月2日,在下议院的演说

这一章是餐后谈话,结尾却停在一个最悲观的音符上,但我相信这是绝对必要的。我虽然身为生物学家,但也是直到开始搜寻与本章内容相关的数据时,才真正意识到实际情况有多么可怕。你至少可以庆幸,我还没讲到热带雨林和其他栖息地的变化趋势呢!

丘吉尔的警示语是最合适的临别赠言。从现在看来,大自然的未来似乎一片阴暗,就像丘吉尔在1935年的政治景况一样,他看到法西斯主义、纳粹等的威胁,提出无数警告,却连年遭到忽视。彼时西方国

家的领袖们满脑子打着如意算盘,任凭盲目的乐观主义摆布,他们排斥所有警告,只在无用的条约、空泛的陈词滥调,还有懦弱的姑息政策上面打转。1940年,法国兵败如山倒,丘吉尔领导的英国独自屹立,一直苦撑到日本突袭珍珠港,美国总算加入战局。在过去50年内,大自然陷入一场渐趋激烈的战事,但西方国家领导阶层的态度如出一辙,仅有极少数的有力盟友前来相助。

暂且别奢望修复元气大伤的大自然,光要阻止它衰败就是横亘眼前的挑战了。以下是迈尔斯的哀悼之词:"关于是否全面搜寻幸存的生物、设置卫星和雷达拯救最后一条鱼,我们处在一片拒绝声中,并继续为之争论不休。要知道,有些种群的数量已经萎缩到濒临灭绝的地步。既然我们了解其惨况,现在就必须赶在一切无法挽回之前采取行动。我儿子现年5岁,我希望他长大时,双髻鲨和金枪鱼仍在海中悠游。如果当今的渔业坚持继续走老路子,这些美丽的水族就会步上恐龙的后尘。"

类似这样的关注会得到什么响应呢?想当然,必定是老套的拒绝和维护自身利益的空洞辞令。迈尔斯在渔业与海洋部门工作时,受到官僚体制打压:鳕鱼数量下降,官方将之归因于水温寒冷或海豹增殖,他不同意这种说法,而遭到申斥;当他公开批评官方部门时,甚至被控诽谤。

对环境的关怀常被当作危言耸听,或被归为哲学或美学上的多愁善感,但是冰冷过硬的数据可以驱散所有的质疑。只要想一想,眼前的数据及过往的经验关系到的,可是实际的切身利益呢!迈尔斯和沃姆写道:"今日做出的管理决策,影响将见于不甚久远的未来。20或50年后,我们是在享受具经济效益的多种海洋生物,还是只能回顾一场衰亡灭绝史,痛悔未曾及时挽回而徒呼奈何?"

我们在21世纪的起点，一方面，拥有进化科学长达两个世纪带来的益处，却仍在争辩进化究竟是真是假；另一方面，过度捕捞、过度狩猎及污染也超过两个世纪了，我们既已承受它们累积的后果，却还在追捕残存的稀少鱼类。

赫胥黎兄弟提醒我们，“事实被忽略并不代表它不存在”，还有我们现在正要“决定未来地球进化的方向”。我们会注意到这些事实，把它们视为己身利益，承担起我们的责任吗？还是说，鳕鱼、金枪鱼、枪鱼、蓝鲸、海牛、冰鱼，以及众多生物都会变得极其稀罕，恰似怀俄明州的棕榈树一般？

附　录

表1　三联体密码子表

第一个核苷酸	中间的核苷酸				第三个核苷酸
	U	C	A	G	
U	苯丙氨酸	丝氨酸	酪氨酸	半胱氨酸	U
	苯丙氨酸	丝氨酸	酪氨酸	半胱氨酸	C
	亮氨酸	丝氨酸	终止密码子	终止密码子	A
	亮氨酸	丝氨酸	终止密码子	色氨酸	G
C	亮氨酸	脯氨酸	组氨酸	精氨酸	U
	亮氨酸	脯氨酸	组氨酸	精氨酸	C
	亮氨酸	脯氨酸	谷氨酰胺	精氨酸	A
	亮氨酸	脯氨酸	谷氨酰胺	精氨酸	G
A	异亮氨酸	苏氨酸	天冬酰胺	丝氨酸	U
	异亮氨酸	苏氨酸	天冬酰胺	丝氨酸	C
	异亮氨酸	苏氨酸	赖氨酸	精氨酸	A
	甲硫氨酸（起始密码子）	苏氨酸	赖氨酸	精氨酸	G
G	缬氨酸	丙氨酸	天冬氨酸	甘氨酸	U
	缬氨酸	丙氨酸	天冬氨酸	甘氨酸	C
	缬氨酸	丙氨酸	谷氨酸	甘氨酸	A
	缬氨酸	丙氨酸	谷氨酸	甘氨酸	G

表2 氨基酸名称表

单字母简写	三字母简写	英文名	中文名
A	Ala	Alanine	丙氨酸
C	Cys	Cysteine	半胱氨酸
D	Asp	Aspartic acid	天冬氨酸
E	Glu	Glutamic acid	谷氨酸
F	Phe	Phenylalanine	苯丙氨酸
G	Gly	Glycine	甘氨酸
H	His	Histidine	组氨酸
I	Ile	Isoleucine	异亮氨酸
K	Lys	Lysine	赖氨酸
L	Leu	Leucine	亮氨酸
M	Met	Methionine	甲硫氨酸
N	Asn	Asparagine	天冬酰胺
P	Pro	Proline	脯氨酸
Q	Gln	Glutamine	谷氨酰胺
R	Arg	Arginine	精氨酸
S	Ser	Serine	丝氨酸
T	Thr	Threonine	苏氨酸
V	Val	Valine	缬氨酸
W	Trp	Tryptophan	色氨酸
Y	Tyr	Tyrosine	酪氨酸

参考文献

我叙述的发现和概念都是许多生物学家的研究成果。这本书较为大众化，所以我没有将相关的人物或是实验室一一写出，也没有在书中加注。不过我在此提供两类参考资料：一类是与进化相关的建议阅读书籍，另一类是各个章节所参考过的期刊文章。大部分期刊文章的篇名都被省略，因为我想有兴趣的读者可以从我引用的部分找到这些文章。大多数生物学研究论文和报告都可以在这个称为PubMed的免费数据库找到：http://www.ncbi.nlm.nih.gov/entrez/query.fcgi。

一些进化相关书籍

Carroll, Sean. *Endless Forms Most Beautiful: The New Science of Evo Devo and the Making of the Animal Kingdom*. New York: W. W. Norton, 2005.

Conway Morris, Simon. *Life's Solution: Inevitable Humans in a Lonely Universe.* Cambridge: Cambridge University Press, 2003.

Dawkins, Richard. *The Ancestor's Tale: A Pilgrimage to the Dawn of Evolution*. New York: Houghton Mifflin, 2004.

Dawkins, Richard. *The Blind Watchmaker: Why the Evidence of Evolution Reveals a Universe Without Design.* New York: W. W. Norton, 1986.

Dawkins, Richard. *Climbing Mount Improbable*. New York: W. W. Norton, 1996.

Desmond, Adrian, and James Moore. *Darwin: The Life of a Tormented Evolutionist.* London: Michael Joseph, 1991.

Knoll, Andrew. *Life on a Young Planet: The First Three Billion Years of Evolution on Earth*. Princeton, N.J: Princeton University Press, 2003.

Palumbi, Stephen. *The Evolution Explosion: How Humans Cause*

Rapid Evolutionary Change. New York: W. W. Norton, 2001.

Ridley, Matt. *The Red Queen: Sex and the Evolution of Human Nature*. London: Penguin, 1993.

Weiner, Jonathan. *The Beak of the Finch: A Story of Evolution in Our Time*. New York: Alfred A. Knopf, 1994.

Zimmer, Carl. *Evolution: The Triumph of an Idea*. New York, HarperCollins, 2001.

前言

凯文·格林免罪案报道见于"What Every Law Enforcement Officer Should Know About DNA Evidence"(National Institute of Justice, National Commission on the Future of DNA Evidence, 1999)。"无罪项目"的历史案件见 www.innocenceproject.org。DNA 鉴识被用于调查悬案见"National Forensic DNA Study Report"(Smith Alling Lane, P.S., and Washington State University, 2003)。DNA序列的收集量大幅增长,收录在GenBank数据库(www.ncbi.nih.gov/genbank/genbankstats.html)。

第一章

吕斯塔在"挪威号"上的工作记录和照片来自:O. Holtedahl, ed., *Scientific Results of the Norwegian Antarctic Expeditions, 1927—1928* (Oslo: I Kommisjon Hos Jacob Dybwad, 1935)。

鲁德对他的南极之旅的报告发表于 *Scientific American* 213 (1965): 108—115。他关于没有红细胞的冰鱼的论文发表于 *Nature* 173 (1954):848—850。

关于冰鱼球蛋白基因的论文:G. di Prisco et al., *Gene* 295 (2002): 185—191; E. Cocca et al., *Proceedings of the National Academy of Sciences*, *USA* 92 (1995): 1817—1823; Y. Zhao et al., *Journal of Biological Chemistry* 273 (1998): 14745—14752。对冰鱼生物和遗传学方面的研究:B. D. Sidell, *Gravitational and Space Biology Bulletin* 13 (2000):25—34。冰鱼微小管功能进化:H. W. Detrich et al., *Journal of Biological Chemistry* 275 (2000): 37038—37047。冰鱼抗冻蛋白的起源:L. Chen, A. L. DeVries, and C.-H. C. Cheng, *Proceedings of the National Academy of Sciences*, *USA* 94 (1997): 3811—3816。冰鱼肌红蛋白的命运:B. D. Sidell et al., *Proceedings of the National Academy of Sciences*, *USA* 94 (1997): 3420—3424; T. J. Moylan and B. D. Sidell, *The Journal of Experimental Biology* 203 (2000): 1277—1286; D. J. Small et al., *The Journal of Experimental Biology* 206 (2003): 131—139。

南极和南洋地质发展史:J. Zachos et al., *Science* 292 (2001):686—693。海洋温度下降:A.E. Shevenall, J. P. Kennett, and D. W. Lea, *Science* 305 (2004): 1766—1770。鲈形亚目鱼类发展史:T. J. Near, *Antarctic Science* 16 (2004): 37—44; T. J.

Near, J. J. Pesavento, and C.-H. C. Cheng, *Molecular Phylogenetics and Evolution* 32 (2004): 881—891。

关于达尔文的探险、发现、生活和写作在许多优秀的传记中都有描述。本书中详实的年代和事件来自：A. Desmond and J. Moore, *Darwin: The Life of a Tormented Evolutionist* (London: Michael Joseph, 1991)。本书《物种原始》中的引言均来自1859出版的第一版。"适者生存"首度出现于斯宾塞的*Social Statics*(1851)。

彼得·梅达沃爵士的发言纪录来自：J. A. Moore, *Science as a Way of Knowing: The Foundation of Modern Biology* (Cambridge, Mass.: Harvard University Press, 1993)。

南极磷虾数量减少：A. Atkinson et al., *Nature* 432 (2004): 100—103。

第二章

加利福尼亚大学教授奥尔金关于彩票中奖率和发生车祸概率的论述，来自CNN记者Daryn Kagan对奥尔金的采访，见2001年8月22日报道。关于人们被狗咬、受鲨鱼袭击，以及被美洲狮所伤的事件见报道：Scott Latee, *San Diego Union-Tribune*, February 22, 2004。

达尔文对鸽子的研究：C. Darwin, *The Variation of Animals and Plants Under Domestication*(London: John Murray, 1868)。关于卡斯尔、庞尼特、诺顿和霍尔丹等人的遗传进化简史：William B. Provine, *The Origins of Theoretical Population Genetics* (Chicago :University of Chicago Press, 1971)。野外环境中的自然选择研究：John A. Endler, *Natural Selection in the Wild* (Princeton, N.J: Princeton University Press, 1986)；J. G. Kingsolver et al., *The American Naturalist* 157 (2001): 245—261；A. P. Hendry and M. T. Kinnison, *Evolution* 53 (1999): 1637—1653。

桦尺蠖的进化描述来自：M. Majerus, *Melanism: Evolution in Action*(Oxford: Oxford University Press, 1998)；B. S. Grant, *Evolution* 53 (1999): 980—984; B. S. Grant, D. F. Owen, and C. A. Clarke, *Journal of Heredity* 87(1996): 351—357; J. Mallet, *Genetics Society News*, issue 50:34—38；J. Coyne, *Nature* 396 (1998):35—36。

动物毛色选择系数研究摘要：H. Hoekstra, K. E. Drumm, and M. W. Nachman, *Evolution* 58(2004):1329—1341。游隼袭击鸽子的长期研究：A. Palleroni et al., *Nature* 434(2005): 973—974。三刺鱼进化的长期研究：M. A. Bell, W. E. Aguirre, and N. J. Buck, *Evolution* 58(2004):814—824。

哺乳动物突变率摘自：S. Kumer and S. Subramanian, *Proceedings of the National Academy of Sciences, USA* 99 (2002): 803—808。人类突变率估测值：M. W. Nachman and S. L. Crowell, *Genetics* 154(2000):297—304。小囊鼠的毛色突变率由家鼠自然选择的突变率推测得出：G. Schlager and M. M. Dickie, *Mutation Research* 11 (1971): 89—96；其可突变位点数目来自M. W. Nachman, H. E. Hoekstra, and S.

L. D' Agostino, *Proceedings of the National Academy of Sciences, USA* 100(2003): 5268—5273,及相关的研究。进化所需时间之运算公式:Wen-Hsiung Li, *Molecular Evolution*(Sunderland, Mass.: Sinauer Associates, 1997)。小囊鼠的生殖率:H. E. Horkstra and M. W. Nachman, *University of California Publications in Zoology* 2005: 61—81。选择和迁移对小囊鼠数量的影响:M. W. Nachman, *Genetica* 123(2005): 125—136。

进化概率的研究:P. D. Gingerich, *Science* 222 (1983): 159—161。

木村资生中性理论的经典著作包括:M. Kimura, *Nature* 217 (1968): 624—626;M. Kimura, *Proceedings of the National Academy of Sciences, USA* 63(1969): 1181—1188;M. Kimura, *The Neutral Theory of Molecular Evolution*(Cambridge: Cambridge University Press, 1983)。

第三章

布罗克在黄石公园的研究与经验:T. D. Brock, *Annual Review of Microbiology* 49(1995): 1—28;T. D. Brock, *Genetics* 145 (1997): 1207—1210;T. D. Brock, *Life at High Temperatures* (Yellowstone Association for Natural Science, History, and Education, 1994)。乌斯建立古菌域的研究:C. R. Woese and G. F. Fox, *Proceedings of the National Academy of Sciences, USA* 74 (1977): 5088—5090;C. R. Woese, O. Kandler, and M. L. Wheel, *Proceedings of the National Academy of Sciences, USA* 87 (1990): 4576—4579。

关于基因组序列比较的文献数不胜数,书中特定物种间基因组的比较数据来自:E. V. Koonin, *Nature Reviews Microbiology* 1 (2003): 127—136;K. S. Makarova et al., *Genome Research* 9 (1999): 608—628;R. L. Tatusov et al., *BMC Bioinformatics* 4 (2003): 41;G. M. Rubin et al., *Science* 287 (2000): 2204—2215;K. S. Makarova and E. V. Koonin, *Genome Biology* 4 (2003): 115;O. Jaillon et al., *Nature* 431 (2004): 946—957。

各域生物共有的蛋白质的"不灭"核心:E. V. Koonin, *Nature Reviews Microbiology* 1 (2003): 127—136。大约有500种核心蛋白质的估测来自肖恩·卡罗尔与E. V. Koonin的私人谈话 (November 2, 2004)。

真核生物是古菌和细菌联合进化而来:M. C. Rivera and J. A. Lake, *Nature* 431 (2004): 152—155; W. Martin and T. M. Embley, *Nature* 431 (2004): 134—136;A. B. Simonson et al., *Proceedings of the National Academy of Sciences*, USA 102 (2005): 6608—6613。

延伸因子-1α的序列发表于GenBank网站。延伸因子-1α在真核生物和古菌身上的特征序列: M. C. Rivera and J. A. Lake, *Science* 257 (1992): 74—76。

第四章

色彩视觉在灵长类动物中的生物学意义总结自：B. C. Regan et al., *Proceedings of the Royal Society of London B Biological Science* 356 (2001): 229—283。关于疣猴、黑猩猩和吼猴的食物偏好：N. J. Dominy and P. W. Lucas, *Nature* 410 (2001):363—366; P. W. Lucas et al., *Evolution* 54 (2003): 2636—2643。黑猩猩特别偏好的果实来自肖恩·卡罗尔与N. J. Dominy的私人谈话(June 14, 2005)。

色彩视觉对动物的重要性：R. Dalton, *Nature* 428 (2004):596—97。光的组成和色彩视觉的机制可在多种物理学和生物学课本，以及网络资料中找到，如：N. A. Campbell and J. B. Reece, *Biology*, 7th ed. (San Francisco: Benjamin Cummings, 2004)。人类色彩视觉的进化和生理机能：J. Nathans, *Neuron* 24 (1999): 299—312。恒河猴的色盲情况：A. Onishi et al., *Nature* 402 (1999): 139—140。

以短散布元件建构生物谱系：A.-H. Salem et al., *Proceedings of the National Academy of Sciences, USA* 100 (2003): 12787—12791。

基因进化重演的参考资料: S. Ohno, *Evolution by Gene Duplication* (Berlin and New York: Springer-Verlag,1970); M. Lynch and V. Katju, *Trends in Genetics* 20 (2004): 544—549; J. A. Cotton and R. D. M. Page, *Proceedings of the Royal Society B* 272 (2005): 277—283; M. Lynch and J. S. Conery, *Science* 290 (2000): 1151—1155。

关于脊椎动物色彩视觉的文献很多。脊椎动物视蛋白分子的概括性描述见：S. Yokoyama, *Gene* 300 (2002): 69—78; S. Yokoyama and F. B. Radlwimmer, *Genetics* 158 (2001): 1697—1710; J. I. Fasick and P. R. Robinson, *Visual Neuroscience* 17 (2000): 781—788; J. I. Fasick and P. R. Robinson, *Biochemistry* 37 (1998):433—438; S. Yokoyama and N. Takenaka, *Molecular Biology and Evolution* 21 (2004): 2071—2078; A. J. Hope et al., *Proceedings of Biological Science* 22 (1997): 155—163。有蹄类动物和鲸目动物的亲缘关系: M. Nikaido, A. P. Rooney, and N. Okada, *Proceedings of the National Academy of Sciences, USA* 96 (1999):10261—10266; M. Nikaido et al., *Proceedings of the National Academy of Sciences, USA* 98 (2001): 7384—7389。

将视蛋白调整为可以看到紫外光: Y. Shi and S. Yokoyama, *Proceedings of the National Academy of Sciences, USA* 100 (2003): 8308—8313; S. Yokoyama, F. B. Radlwimmer, and N. S. Blow, *Proceedings of the National Academy of Sciences, USA* 97 (2000): 7366—7371; Y. Shi, F. B. Radlwimmer, and S. Yokoyama, *Proceedings of the National Academy of Sciences, USA* 98 (2001): 11731—11736; A. Ödeen and O. Håstad, *Molecular Biology and Evolution* 20 (2003):855—861。

鸟类紫外光视觉的功能见以下文献。斑胸草雀：A. T. D. Bennett et al., *Nature* 380 (1996): 433—435; 椋鸟：A. T. D. Bennett et al., *Proceedings of the National

Academy of Sciences, USA 94 (1997): 8618—8621;青山雀:S. Hunt et al., *Proceedings of the Royal Society of London B Biological Science* 265 (1998): 451—455;长尾鹦鹉:S. M. Pearn et al., *Proceedings of the Royal Society of London B Biological Science* 268 (2000): 2273—2279;雏鸟:V. Jaurdie et al., *Nature* 431 (2004): 262—263;鸟类总论,R. Dalton, *Nature* 428 (2004): 596—597。关于能反射紫外光的羽毛的研究:F. Hausmann et al., *Proceedings of the Royal Society of London B Biological Science* 270 (2003): 61—67; R. Bleiweiss, *Proceedings of the National Academy of Sciences, USA* 101 (2004): 16561—16564。红隼中的紫外光视觉:J. Vlitala et al., *Nature* 373 (1995): 425—427。蝙蝠中的紫外光视觉:Y. Winter, J. Lopez, and O. van Helverson, *Nature* 425 (2003): 612—614。

疣猴胰腺的核糖核酸酶基因进化:J. Zhang, *Nature Genetics*, (2006): 819—823。

第五章

腔棘鱼的发现和持续研究:K. S. Thomson, *Living Fossil: The Story of the Coelacanth*(New York: W.W. Norton, 1991);S. Weinberg, *A Fish Caught in Time: The Search for the Coelacanth*(New York: HarperCollins, 2000)。

腔棘鱼SWS视蛋白基因的化石化:S. Yokoyama et al., *Proceedings of the National Academy of Sciences, USA* 96 (1999):6279—6284。宽吻海豚SWS视蛋白基因的化石化:J. I. Fasick et al., *Visual Neuroscience* 15 (1998): 643—651。其他鲸目动物SWS视蛋白基因的化石化:D. H. Levenson and A. Dizon, *Proceedings of the Royal Society of London B Biological Science* 270 (2003):673—679。

夜猴和丛猴SWS视蛋白基因的化石化:G. H. Jacobs, M. Neitz, and J. Neitz, *Proceedings of the Royal Society of London B Biological Science* 263 (1996):705—710。懒猴SWS视蛋白基因的化石化: S. Kawamura and N. Kubotera, *Journal of Molecular Evolution* 58 (2004): 314—321。鼹鼠SWS视蛋白基因的化石化:Z. K. David-Gray et al., *European Journal of Neuroscience* 16 (2002): 1186—1194。

鼠的大量嗅觉受体:X. Zhang et al., *Genomics* 83 (2004): 802—811。人类嗅觉受体基因化石化:Y. Nimura and M. Nei, *Proceedings of the National Academy of Sciences, USA* 100 (2003):12235—12240; B. Malnic, P. A. Godfrey, and L. R. Buck, *Proceedings of the National Academy of Sciences, USA* 101 (2004): 2584—2589; Y. Gilad et al., *Public Library of Science Biology* 2 (2004):120—125。接收信息素途径的退化: E. R. Liman and H. Iann, *Proceedings of the National Academy of Sciences,* USA 100 (2003): 3328-3332。

酵母菌分解半乳糖途径基因的化石化:C. T. Hittinger, A. Rokas, and S. B. Carroll, *Proceedings of the National Academy of Sciences, USA* 101 (2004): 14144—14149。麻风杆菌大量基因的化石化:S. T. Cole et al., *Nature* 409 (2001): 1007—

1011。

番薯属植物色素基因的分化：R. A. Zufall and M. D. Rausher, *Nature* 428 (2004):847—850。人类 *MYH16* 基因被破坏：H. Stedman et al., *Nature* 428 (2004): 415—418;进一步的研究来自:G. H. Perry, B. C. Verrelli, and A. C. Stone, *Molecular Biology and Evolution* 22 (2004):379—382。

第六章

吼猴的三元辨色力：G. H. Jacob et al., *Nature* 382 (1996): 156—158。吼猴视蛋白基因重复:D. M. Hunt et al., *Vision Research* 38 (1998): 3299—3306;K. S. Dulai et al., *Genome Research* 9 (1999): 629—638。灵长类色彩视觉进化史:D. M. Hunt, *Biologist* 48 (2001):67—71。丧失嗅觉受体基因和获得色彩视觉之间的关系:Y. Gilad et al., *Public Library of Science Biology* 2 (2004):120—125。

反刍动物核糖核酸酶基因的进化:J. Zhang, *Molecular Biology and Evolution* 20 (2003): 1310—1317。疣猴核糖核酸酶基因重复:J. Zhang, Y. Zhang, and H. F. Rosenberg, *Nature Genetics* 30 (2002): 411-415。真菌丧失分解半乳糖途径基因：C. T. Hittinger, A. Rokas, and S. B. Carroll, *Proceedings of the National Academy of Sciences, USA* 101 (2004): 14144-14149。

在墨西哥丽脂鲤的盲眼穴居种群身上,相同的色素基因失去作用:M. E. Protas et al., *Nature Genetics* 38 (2005): 107—111。通过*MC1R*基因突变,脊椎动物黑化模式进化重演:M. E. N. Majerus and N. I. Mundy, *Trends in Genetics* 19 (2003): 585—588;N. I. Mundy et al., *Science* 303 (2004): 1870—1873;S. M. Doucet et al., *Proceedings of the Royal Society of London B Biological Science* 271 (2004): 1663—1670;E. B. Rosenblum, H. E. Hoekstra, and M. W. Nachman, *Evolution* 58 (2004): 1794—1808; N. I. Mundy and J. Kelly, *American Journal of Physical Anthropology* 121 (2003): 67—80;E. Eizirik et al, *Current Biology* 13 (2003): 448-453;K. Ritland et al., *Current Biology* 13 (2003): 1468—1472;M. W. Nachman et al., *Proceedings of the National Academy of Sciences, USA* 100 (2003): 5268—5273;E. Theron et al., *Current Biology* 11 (2001): 550—557。

南极鱼类和北极鱼类各自进化出抗冻蛋白:L. Chen, A. L. DeVries, and C.-H. C. Cheng, *Proceedings of the National Academy of Sciences, USA* 94 (1997): 3817—3822。

不同的毒素结构各异,均能阻断离子通道:S. Gasparini, B. Gilquin, and A. Menez, *Toxicon* 43 (2004): 901—908;M. Dauplous et al., *The Journal of Biological Chemistry* 272 (1997): 4302—4309;S. Gasparini et al., *The Journal of Biological Chemistry* 273 (1998): 25393—25403;K.-J. Shon, *The Journal of Biological Chemistry* 273 (1998): 33—38。

鸟类SWS视蛋白基因序列来自GenBank。鸟类种群大小估测值来自The Audubon Society"State of the Birds 2004",*Audubon*, September–October 2004。

莫诺的著作:J. Monode, *Change and Necessity* (New York: Vintage, 1971)。从分子水平和解剖学水平来详细检验进化重演现象:S. Conway Morris, *Life's Solution: Inevitable Humans in a Lonely Universe* (Cambridge: Cambridge University Press, 2003)。

第七章

关于吞下俄勒冈粗皮渍螈致死案例的详细描述来自:S. G. Bradley and L. J. Klika, *Journal of the American Medical Association* 246 (1981):247。蝾螈和袜带蛇的军备竞赛:S. Geffeney et al., *Science* 297 (2002): 1336—1339; B. L. William et al., *Herpetologica* 59 (2003): 155—163。

韦尔斯的生平概要:W. H. G. Armytage, *British Medical Journal* 6 (1957): 1302。两篇综述关注了人类肤色、地域分布和自然选择:J. Diamond, *Nature* 435 (2005): 283—284; N. G. Jablonski, *Annual Review of Anthropology* 33 (2004): 585–623。人类*MC1R*基因的遗传变异,及其对肤色和自然选择的重要性:B. K. Rana et al., *Genetics* 151 (1999):1547—1557; R. M. Harding et al., *American Journal of Human Genetics* 66 (2000):1351–1361; L. Naysmith, *Journal of Investigative Dermatology* 122 (2004):423—28; E Healy et al., *Human Molecular Genetics* 10(2001): 2397—2402; A. R. Rogers et al., *Current Anthropology* 45 (2004):105—107。

阿利森最早意识到疟疾和镰形细胞贫血病之间关系的文献:A. C. Allison, *Genetics* 166 (2004): 1391—1399; A. C. Allison, *Biochemistry and Molecular Biology Education* 30 (2002): 279—287; A. C. Allison et al., *Anthropological Institute* 82 (1952):55—60; A. C. Allison, *British Medical Journal* 1 (1954):290—294; A. C. Allison, *Transactions of the Royal Society for Tropical Medicine and Hygiene* 48 (1954): 312—318。霍尔丹提到地中海贫血和疟疾之间有潜在联系:*Proceedings International Congress on Genetics and Heredity* 35 (1949):267—273(supplement)。非洲和亚洲多发镰形细胞突变:D. Labie et al., *Human Biology* 61 (1989):479—491; J. Pagnier et al., *Proceedings of the National Academy of Sciences, USA* 81 (1984): 1771—1773; A. E. Kulozik et al., *American Journal of Human Genetics* 39 (1986):239—244; C. Lapouméroulie et al., *Human Genetics* 89(1992): 333—337。

疟疾和人类历史的回顾:R. Carter and K. N. Mendis, *Clinical Microbiology Reviews* 15(2002): 564—594。*G6PD*基因突变在对抗疟疾中的作用:L. Luzzotto and R. Notaro, *Science* 294 (2001):442—443; S. A. Tishkoff et al., *Science* 293 (2001): 455—462。西非人对间日疟原虫的抗性:L. H. Miller et al., *The New England Journal of Medicine* 295 (1976): 302—304。简单的疟疾和治疗方式一览表:www.cdc.gov/malaria/history/。近期恶性疟原虫分布:S. K. Volkman et al., *Science* 293

(2001): 482—484。

囊性纤维突变可能是为了对抗病原体：G. B. Pier, M. Grant, and T. S. Zaidi, *Proceedings of the National Academy of Sciences, USA* 94 (1997): 12088—12093；G. B. Pier et al., *Nature* 393 (1998): 79—82。CCR5受体和HIV之间关系一览：E. de Silva and M. P. H. Stumpf, *FEMS Microbiology Letters* 241(2004):1—12。

对更有效的治疗疟疾药物和控制政策的研究见:S. Sternberg, *USA Today*, April 28, 2004。

癌症发展期间，突变和选择的作用，及其与进化的关系：F. Michor, Y. Iwasa, and M. A. Nowak, *Nature Reviews Cancer* 4(2004): 197—206。慢性髓细胞性白血病对格里维克的抗药性：M. E. Gorre et al., *Science* 293 (2001):876—880；C. Rouche-Lestienne and C. Prudhomme, *Seminars in Hematology* 40 (2003): 80—82(supplement)。克服对格里维克的抗药性的策略：N. P. Shah et al., *Science* 305 (2004): 399—401。

第八章

达尔文的珊瑚礁结构的理论：C. Darwin, *The Structure and Distribution of Coral Reefs* (1842)。和达尔文珊瑚礁理论有关的争论：D. Dobbs, *Reef Madness: Charles Darwin, Alexander Agassiz, and the Meaning of Coral*(New York: Pantheon, 2005)。大堡礁地质和生物资料于澳大利亚昆士兰Lady Elliot Island收集。

眼睛发育的研究：L. V. Salvini-Plawen and E. Mayr, *Evolutionary Biology* 10 (1977):207—263。果蝇的无眼基因和脊椎动物基因的相似度：R. Quiring et al., *Science* 265 (1994): 785—789。*Pax-6*基因引发眼睛结构的发育：G .Halder, P. Callaerts, and W. J. Gehring, *Science* 267 (1995):1788—1792。动物界中*Pax-6*基因的分布和使用：W. J. Gehring and K. Ikeo, *Trends in Genetics* 15 (1999): 371—377。沙蚕简单眼睛的发育：D. Arendt et al., *Development* 129 (2002): 1143—1154。

进化出复杂眼睛构造所需时间的估测：D. E. Nilsson and S. Pelger, *Proceedings of the Royal Society of London B Biological Science* 256 (1994): 53—58。眼睛种类、视觉，以及进化的延伸讨论：R. Dawkins, *Climbing Mount Improbable*(New York: W. W. Norton, 1996)；R. Fernald, *Current Opinion in Neurobiology* 10(2000):444—450；R. Fernald, *International Journal of Developmental Biology* 48(2004):701—705。

解开感光细胞类型之谜：D. Arendt, *International Journal of Developmental Biology* 47 (2003): 563—571；D. Arendt et al., *Science* 306(2004):869—871。

生物间共享的建构身体的基因工具组：S. B. Carroll, *Endless Forms Most Beautiful*(New York: W. W. Norton, 2005)。生理进化和形态进化的差异，不同遗传机制运作方式的差异：S. B. Carroll, *Public Library of Science Biology* 3 (2005):1159—1166。

三刺鱼腹鳍棘长度进化，以及*Pitx1*基因的作用：M. D. Shapiro et al., *Nature*

428 (2004): 717—723。

果蝇翅膀花纹的进化:N. Gompel et al., *Nature* 433 (2005): 481—487;B. Prud'homme et al., *Nature* 440 (2006): 1050—1053。

达尔文使用"发明"一词的分析:R. Moore, *BioScience* 47(1997): 107—114;S. J. Gould, *The structure of Evolutionary Theory* (Cambrige, Mass.: Belknap Press, 2002)。

第九章

产褥热的历史和巴斯德的贡献:M. D. Reynolds, *How Pasteur Changed History: The Story of Louis Pasteur and the Pasteur Institute*(Bradenton, Fla.: McGuinn and McGuire, 1994);C. M. De Costa, *Medical Journal of Australia* 177(2002): 668—671;P. Gallon "Découverte de l'antisepsie et de l'asepsie chirurgicale," www.charfr.net/docs/textes/antisepsie.html (accessed 10/19/03); C. L. Case, "Handwashing," National Health Museum, www.accessexcellenge.org/AE/AEC/CC/hand_background.html。

帕内克的大作:R. Panek, *Seeing and Believing: How the Telescope Opened Our Eyes and Minds to the Heavens* (New York: Penguin, 1998)。关于伽利略受审判的故事在许多书籍和文章中都谈到,例如:D. Linden, *The Trail of Galileo* (2002)at www.law.umkc.edu/faculty/projects/ftrails/galileo。

索厄费尔对李森科时代的论述:V. N. Soyfer, *Lysenko and the Tragedy of Soviet Science*, translated by L. Gruliow and R. Gruliow (New Brunswick, N.J.: Rutgers University Press,1994)。其他数据:Z. A. Medvedev, *The Rise and Fall of T. D. Lysenko* (New York: Columbia University Press, 1969);H. F. Judson, *The Eighth Day of Creation: The Makers of the Revolution in Biology* (New York: Simon and Schuster, 1979)。瓦维洛夫简介:J. F. Crow, *Genetics* 134 (1993): 1—4。苏联农业状况和影响: R. W. Davies and S. G. Wheatcroft, *The Years of Hunger: Soviet Agriculture, 1931—1933* (Basingstoke: Palgrave Macmillan, 2004)。

脊柱按摩师反对疫苗的历史:S. Homola, *Bonesetting, Chiropractic, and Cultism*, 1963 (可在线阅读www.chirobase.org);J. B. Cambell, J. W. Busse, and H. S. Injeyan, *Pediatrics* 105 (2000):43—50。加拿大脊椎治疗学生对疫苗接种的态度:J. W. Busse et al., *Canadian Medical Association Journal* 166 (2002): 1531—1534;J. W. Busse et al., *Journal of Manipulative and Physiological Therapeutic* 28 (2005):367—373;S. M. Barrett, *Chiropractors and Immunization*;以及www.chirobase.org上的文章。

近年反对进化论的书籍:E. C. Scott, *Evolution vs. Creationism: An Introduction* (Westport, Conn.: Greenwood Press, 2004);M. Pigliucci, *Denying Evolution: Creationism, Scientism and the Nature of Science* (Sunderland, Mass.: Sinauer Associates, 2002);M. Ruse, *The Evolution-Creation Struggle* (Cambridge, Mass.: Harvard. University Press)。

社会对进化的态度,宗教办的各种意见,个人或团体对进化的反对言论,进化论的背景见美国国家科学教育中心(NCSE)的网站:www.ncseweb.org。如果你关心学校中进化论的教学情形,你就该支持这个组织。

书中言论及态度引用自NCSE的记载"Setting the Record Straight: A Response to Creationist Misinformation about the PBS Series *Evolution*"。此记载是对诸多评论[例如:K. Cumming, "A Review of the PBS Video Series *Evolution*" (Santee, Calif.: Institute for Creation Research, 2004)]的回应。

神创论者对进化论的评论和他们的各种谬误:H. M. Morris, *Science and the Bible*(Chicago: Moody Press, 1986);H. M. Morris, "The Scientific Case Against Evolution", *Impact* no. 330 (2000); P. Fernandes,"The Scientific Case Against Evolution" (Ph.D. thesis, Institute of Biblical Defense, 1997)。

哈姆的言论见:K. Ham, "The Missing' Link to School Violence", *Creation Magazine*, April 29, 1999。托马斯回应教皇的发言见于Los Angeles Times Syndicate on October 30, 1996。伯格曼对希特勒的论述:Jerry Bergman, *Creation ex Nihilo Journal* 13 (1999):101—111。

琼斯的进化论著作:S. Jones, *Darwin's Ghost: The Origin of the Species Updated* (New York: Random House, 1999)。科布县学区教科书上的贴纸案见*J. M. Selman et al. v. Cobb County School District and Cobb County Board of Education*。判决于January 13, 2005, by Judge Clarence Cooper, U.S. District Judge for the Northern District of Georgia Atlanta Division。

牛津主教哈里斯在2002年3月15日于"每日一思"栏目上的发言的文字见www.oxford.anglican.org。对神造论者观点的论述,对科学中理论与事实的差别的论述:J. Rennie, *Scientific American* 287 (2002):78—85。

比希关于智能设计的作品:Michael Behe, *Darwin's Black Box : The Biochemical Challenge to Evolution*(New York: Free press, 1996)。米勒对此的评论:K. R. Miller, *Creation/Evolution* 16(1996):36—40。相关评论还有:K. R. Miller,"The Flagellum Unspun: The Collapse of Irreducible Complexity", in *Debating Design: From Darwin to DNA*, ed. M. Ruse and W. Dembski (Cambridge: Cambridge University Press, 2004): 81—97;H. A. Orr, "Devolution", *The New Yorker*, May 30, 2005。

球蛋白基因史:G. Di Prisco et al., *Gene* 295 (2002): 185—191;R. C. Hardison, *Proceedings of the National Academy of Sciences, USA* 98 (2001):1327—1329;N. Gillemans et al., *Blood* 101 (2003):2842—2849;R. Hardison, *The Journal of Experimental Biology* 201 (1998):1099—1117。

琼斯法官的判决:*T. Kitzmiller et al. v. Dover Area School District et al.*, case 04CV2688, United States District Court for the Middle District of Pennsylvania。威斯康星和其他州的神职人员联合署名的信函来自:www.uwash.edu/colleges/cols/religion_science-collaboration.htm。

第十章

横穿美国的铁路的营建史,及其壮阔的西部风情:H. T. William, *The Pacific Tourist: Williams Illustrated Guide to Pacific RR, California and Pleasure Resorts Across the Continent* (New York: Henry T. William, 1876)。

在化石山发现"鱼类化石切片",以及地层、植物和动物群化石:P. O. McGrew and M. Casiliano, *The Geologic History of Fossil Butte National Monument and Fossil Basin*, National Park Service Occasional Paper 3。更多相关信息:www.nps.gov/fobu。私人收藏和观赏行程:Ulrich´s Fossil Gallery, Fossil Station #308, Kemmerer, Wyoming, 83101 (www.ulrichsfossilgallery.com)。

人类狩猎对盘羊进化造成的影响:D. W. Coltman et al., *Nature* 426 (2003): 655—658。

鳕鱼对航海和贸易的重要性:M. Kurlansky, *Cod: A Biography of the Fish That Changed the World*(New York: Walker, 1997)。北大西洋鳕鱼渔业的崩溃:E. Brubaker, *Political Environmentalism*, ed. T. Anderson (Stanford, Calif.: Hoover Institution Press, 2000):161—210。过度捕捞对鳕鱼进化造成的影响:E. M. Olsen et al., *Nature* 428 (2004):932—935;J. A. Hutchings, *Nature* 428 (2004): 899—900。渔业崩垮对一般渔民造成的影响:T. Bartelme, *The Post and Carrier*(Charleston, South Carolina), June 23, 1996。鱼类因选择性捕捞体型变小:M. R. Walsh et al., *Ecology Letters* (2006):142—148。

大型鱼类渔获量普遍下降现象:R. A. Myers and B. Worm, *Nature* 423 (2003): 280—283;R. A. Myers and B. Worm, *Proceedings of the Royal Society of London B Biological Science* 360 (2005): 13—20。迈尔斯和沃姆的访谈录刊于*National Geographic News*, May 15, 2003。

滑鳐几近灭绝:J. M. Casey and R. A. Myers, *Science* 281 (1998):690—692。鲨鱼数量下降的分析:J. K. Bauer et al., *Science* 299 (2003):389—392。

过度捕捞对海岸生态系统的破坏:J. B. C. Jackson et al., *Science* 293 (2001): 629—638。全球性珊瑚礁减少和衰退的分析:J. H. Pandolfi et al., *Science* 301 (2003):955—958。

切萨皮克湾的悲惨景况:*2004 State of the Bay Report*(Annapolis, Md.: Chesapeake Bay Foundation, 2004)。气候变化影响总观:C. Parmesan and H. Galbraith, "Observed Impacts of Global Climate Change in the U.S."(Pew Center on Global Climate Change, November 2004)。气候变化对海洋渔业分布的影响:A. L. Perry et al., *Science* 308 (2005): 1912—1915。选择在渔业维持管理中的作用:D. O. Conover and S. B. Munch, *Science* 297 (2002):94—96。

商业捕鲸的估计捕获量:J. Roman and S. Palumbi, *Science* 301 (2003): 508—510。捕鲸业的历史资料来自International Whaling Commission的出版物,www.antarcticaonline.com。南极半岛外围磷虾数量下降：A. Atkinson et al., *Nature* 432(2004):100—103。南极海域水温和气温改变，海冰融化：Lloyd Peck of the British Antarctic Survey in *The Guardian/UK* (September 10, 2002)。冰鱼渔业的迅速萎缩："Review of the State of the World Fishery Sources: Marine Fisheries", FAO Fisheries Circular No. 920(Rome: Marine Resource Service, Fishery Resources Division, Fisheries Department, Food and Agriculture Organization, 1997)。

图书在版编目(CIP)数据

造就适者:DNA和进化的有力证据/(美)肖恩·卡罗尔著;杨佳蓉译.—上海:上海科技教育出版社,2021.5

书名原文:The Making of the Fittest: DNA and the Ultimate Forensic Record of Evolution

ISBN 978-7-5428-7491-7

Ⅰ.①造… Ⅱ.①肖… ②杨… Ⅲ.①进化—普及读物 Ⅳ.①Q11-49

中国版本图书馆CIP数据核字(2021)第035405号

责任编辑 伍慧玲 温 润
封面设计 杨 静
版式设计 李梦雪

ZAOJIU SHIZHE
造就适者:DNA和进化的有力证据
肖恩·卡罗尔 著
杨佳蓉 译
钟 扬 校

出版发行 上海科技教育出版社有限公司
(上海市柳州路218号 邮政编码200235)
网　　址 www.sste.com www.ewen.co
经　　销 各地新华书店
印　　刷 常熟市华顺印刷有限公司
开　　本 720×1000 1/16
印　　张 17
插　　页 4
版　　次 2021年5月第1版
印　　次 2021年5月第1次印刷
书　　号 ISBN 978-7-5428-7491-7/N·1117
图　　字 09-2021-0308号
定　　价 60.00元

The Making of the Fittest:
DNA and the Ultimate Forensic Record of Evolution
by
Sean B. Carroll

Published in the United States by W. W. Norton & Company, Inc., New York

Published by agreement with
Baror International, Inc., Armonk, New York, U. S. A.
through The Grayhawk Agency Ltd.